Berichte aus dem Institut für Umformtechnik der Universität Stuttgart
Herausgeber: Prof. Dr.-Ing. K. Lange

54

Ulrich Diether

Fließpressen von Stahl im Temperaturbereich 773 K (500 °C) bis 1073 K (800 °C)

Mit 80 Abbildungen

Springer-Verlag
Berlin Heidelberg New York 1980

Dipl.-Ing. Ulrich Diether
Institut für Umformtechnik
Universität Stuttgart

Dr.-Ing. Kurt Lange
o. Professor an der Universität Stuttgart
Institut für Umformtechnik

D 93

ISBN 978-3-540-09959-8 ISBN 978-3-642-52211-6 (eBook)
DOI 10.1007/978-3-642-52211-6

2362/3020—543210

GELEITWORT DES HERAUSGEBERS

Die Umformtechnik zeichnet sich durch sehr gute Werkstoffauswertung und hohe Mengenleistung in der Serienfertigung gegenüber anderen Fertigungsverfahren aus, wobei Beibehaltung der Masse, Änderung der Festigkeitseigenschaften während eines Vorgangs und elastische Rückfederung der Werkstücke nach einem Vorgang wesentliche Merkmale sind. Weiter sind die benötigten Kräfte, Arbeiten und Leistungen sehr viel größer als z.B. bei spanenden Verfahren. Die sichere Beherrschung eines Verfahrens in der industriellen Fertigung und die zunehmende Forderung nach Vermeidung bzw. Minimierung spanender Nacharbeit erzwingen die geschlossene Betrachtung des Systems "Umformende Fertigung" unter zentraler Berücksichtigung plastizitätstheoretischer, werkstoffkundlicher und tribologischer Grundlagen.

Das Institut für Umformtechnik der Universität Stuttgart stellt entsprechend Forschung und Entwicklung zum einen auf die Erarbeitung von Grundlagenwissen in diesen Bereichen ab, zum anderen untersucht und entwickelt es Verfahren unter Anwendung spezieller Meßtechniken mit dem Ziel einer genauen quantitativen Ermittlung des Einflusses der Parameter von Vorgang, Werkstoff, Werkzeug und Maschine. Die Behandlung von Problemen des Maschinenverhaltens, der Maschinenkonstruktion sowie der Werkzeugauslegung und -beanspruchung, der Auswahl hochbeanspruchbarer, verschleißfester Werkzeugbaustoffe und schließlich der Tribologie gehört entsprechend ebenfalls zum Arbeitsgebiet, das durch die Erfassung organisatorischer und betriebswirtschaftlicher Fragen abgerundet wird.

Im Rahmen der "Berichte aus dem Institut für Umformtechnik" erscheinen in zwangloser Folge jährlich mehrere Bände, in denen über einzelne Themen ausführlich berichtet wird. Dabei handelt es sich vornehmlich um Abschlußberichte von Forschungsvorhaben, Dissertationen, aber gelegentlich auch um andere Texte. Diese Berichte sollen den in der Praxis stehenden Ingenieuren und Wissenschaftlern zur Weiterbildung dienen und eine Hilfe bei der Lösung umformtechnischer Aufgaben sein. Für die Studierenden bieten sie die Möglichkeit zur Vertiefung der Kenntnisse. Die seit zwei Jahrzehnten bewährte freundschaftliche Zusammenarbeit mit dem Springer-Verlag sehe ich als beste Voraussetzung für das Gelingen dieses Vorhabens an.

Kurt Lange

Vorwort

Die vorliegende Arbeit entstand während meiner Tätigkeit am Institut für Umformtechnik der Universität Stuttgart.

Herrn Professor Dr.-Ing. K. Lange danke ich für seine großzügige Förderung und Unterstützung bei der Durchführung der Arbeit.

Herrn Professor Dr.-Ing. H. Dietmann danke ich für die eingehende Durchsicht der Arbeit.

Mein Dank gilt ferner allen Mitarbeitern des Instituts für Umformtechnik, die zum Gelingen der Arbeit beigetragen haben.

Die Mittel zur Durchführung der Untersuchung wurden von der Carl-Schneider-Stiftung, Aalen und von der Deutschen Forschungsgemeinschaft zur Verfügung gestellt.

Stuttgart, November 1979 Ulrich Diether

Inhaltsverzeichnis

Schrifttum

[1] Lange, K., Blaich, M.: Fertigung genauer Formteile durch Kaltmassivumformen. Draht 29 (1978) S. 62 - 72.

[2] Lange, K.: Neuere Verfahren der Massivumformung. In: VDI-Bericht 266 "Kaltmassivumformung". Düsseldorf: VDI-Verlag 1976, S. 5 - 19.

[3] Mamalis, A. G., Johnson, W., Marczinski, H. J.: A Current State Review of the Warm-Working of Metals. Proc. 18 Int. M.T.D.R. Conf. London 1977, S. 173-182.

[4] Geiger, R., Dannenmann, E., Stefanakis, J.: Untersuchungen zum Halbwarmfließpressen von Stahl. Berichte aus dem Institut für Umformtechnik, Universität Stuttgart, Nr. 41. Essen: Girardet 1976.

[5] Dycke, N.: Grundprobleme und Lösungen beim Halbwarmumformen von Stählen. In: VDI-Bericht 266 "Kaltmassivumformung". Düsseldorf: VDI-Verlag 1976, S. 101 - 109.

[6] Hirschvogel, M.: Halbwarmumformung. In HFF-Bericht Umformtechnisches Kolloquium Hannover 1977, S. 43-51.

[7] Burgdorf, M.: Fließpressen von Stahl im Temperaturbereich 20°C bis 700°C. In: Preprints zur 4. Internationalen Tagung Kaltumformung, Düsseldorf 1970, S. 159 - 170.

[8] Fritzsch, G., Siegel, R.: Kalt- und Warmfließkurven von Baustählen. Zentralinstitut für Fertigungstechnik des Maschinenbaues Karl-Marx-Stadt 1965.

[9] Osakada, K., Fujii, S., Narutaki, R.: Flow Stress of Carbon Steel at Cold- and Warm-Forging Temperatures, Kuoto Report on Plasticity and Metal Forming, Ed. M. Oyane, (1976) S. 43 - 46.

[10] Lueg, W., Krause, U.: Formänderungsfestigkeit von Stahl C 45 beim Warmstauchen mit mittleren Formänderungsgeschwindigkeiten. Stahl und Eisen 80 (1960) S. 1061 - 1067.

[11] Meyer-Nolkemper, H.: Halbwarmfließpressen: Werkstoffe, Fließkurven, Werkstoffverhalten. In: Broschüre zum Seminar "Neuere Entwicklungen im Bereich der Massivumformung", Juni 1977, Forschungsinstitut Umformtechnik, Stuttgart.

[12] Valorinta, Y.: Untersuchungen über den Einfluß der Schmiedeverhältnisse auf den Formänderungswiderstand einiger Stähle. Helsinki - Technische Hochschule Finnland, Helsinki 1958.

[13] Schack, J.: Das Verhalten der Formänderungsfestigkeit von Eisen-Mangan-Kohlenstoff-Legierungen im Bereich der Blauwärme. Hannover - Techn. Hochschule, Dr.-Ing.-Diss. 1965

[14] Grothe, M.: Der Einfluß der Chromgehaltes auf die Formänderungsfestigkeit niedrig gekohlter Stähle. Hannover - Techn. Universität, Dr.-Ing.-Diss. 1969.

[15] Beer, H.-J.: Über den Einfluß der chemischen Zusammensetzung auf die Formänderungsfestigkeit von Stahl beim Kalt- und Warmumformen. Hannover - Techn. Universität, Dr.-Ing.-Diss. 1973.

[16] Lindner, H.: Massivumformen von Stahl zwischen 600 und 900 °C "Halbwarmschmieden". Fortschr.-Ber. VDI-Z., Reihe 2, Nr. 7. Düsseldorf: VDI-Verlag 1966.

[17] Grotz, H.: Warmfließpressen von Stahl. Hannover - Techn. Hochschule, Dr.-Ing.-Diss. 1966.

[18] Schlowag, E., Pöhlmann, W.: Voruntersuchungen zum Fließpressen von Stahl zwischen Raum- und Warmformgebungstemperatur (Halbwarmfließpressen). Der Maschinenbau 18 (1969) S. 289 - 294.

[19] Schlowag, E., Pöhlmann, W.: Einfluß unterschiedlicher Stempelstirnflächen auf die maximale Umformkraft beim Halbwarm-Rückwärts-Fließpressen von Stahl. Der Maschinenbau 19 (1970) S. 57 - 61.

[20] Schlowag, E., Jahn, T., Krumnow, H.: Ergebnisse von Untersuchungen zum Halbwarm-Rückwärtsfließpressen von Stahl. Umformtechnik 5 (1971) S. 12 - 15.

[21] Eberlein, L., Börner, G.: Vorwärtsvoll-Warmfließpressen von Stahl. Neue Hütte 16 (1971) S. 721 - 726.

[22] Schlowag, E., Jahn, T., Krumnow, H.: Halbwarmfließpressen hohler und voller rotationssymmetrischer Werkstücke im Versuch. Umformtechnik 6 (1972) S. 16 - 30.

[23] Lozinskij, J. M., Jaickij, V. I., Slosman, A. I.: Erhöhung der Werkzeugstandmenge beim Halbwarmfließpressen von Steckschlüsseleinsätzen. Umformtechnik 9 (1975) S. 38 - 47.

[24] Cruden, A. K., Thomson, J. F.: Extrusion Pressures, Press Loads and Tool Stresses for the Warm Extrusion of Steel. N. E. L. Report, No 456 (1970).

[25] Yuasa, K.: Determining the deformation pressure in warm forging. Metallurgia and Metal Forming, 41 (1974) S. 164 - 171.

[26] ICFG Data Sheet 8/75 "Guidelines for warm-working of steels". Metallurgia and Metal Forming 42 (1975) S. 366 - 367.

[27] Fritzsch, G., Siegel, R.: Grundlegende Werkstoffuntersuchungen zum Halbwarmfließpressen. Neue Hütte 11 (1966) S. 396 - 401.

[28] Yuasa, K., Murata, Y.: Mechanical properties and microstructure of warm-extruded carbon steels. Metallurgia and Metal Forming 41 (1974) S. 290 - 297.

[29] Jonck, R.: Das Werkstoffverhalten beim Halbwarmumformen. In: VDI-Bericht 266 "Kaltmassivumformung". Düsseldorf: VDI-Verlag 1976, S. 111 - 114.

[30] Siegel, R.: Rekristallisationsvorgänge bei der Halbwarmumformung. Umformtechnik 10 (1976) S. 27 - 32.

[31] Geiger, R.: Untersuchungen von Schmierstoffen zum Warmumformen von Stahl. Ind.-Anz. 92 (1970) S. 623 - 629.

[32] Geiger, R.: Einfluß der Temperatur auf die Größe des Reibwertes verschiedener Schmierstoffe beim Umformen von Stahl. Ind.-Anz. 92 (1970) S. 1553 - 1554.

[33] Dannenmann, E., Stefanakis, J.: Anforderungen an Schmierstoffe für das Halbwarmfließpressen von Stahl. Ind.-Anz. 97 (1975) S. 1743 - 1746.

[34] Schlowag, E., Pöhlmann, W.: Untersuchungen zum Halbwarmrückwärtsfließpressen von Stahl. Der Maschinenbau 18 (1969) S. 385 - 391.

[35] Dean, T. A.: Lubrication for warm working. In: Proc. 16th. M.T.D.R. Conf. Maximillan Press Ltd 1975, S. 447 - 452.

[36] Yamakoshi, N., Minami, T.: Neues Schmierverfahren bei der Halb-Warmverformung. Draht 25 (1974) S. 694 - 697.

[37] Doehring, R.: Die Schmierung bei der Halbwarmumformung. Draht 24 (1973) S. 70 - 72.

[38] Kienzle, O., Bühler, H.: Das Plastometer, eine Werkstoffprüfmaschine für die Staucheigenschaften von Metallen. Z. f. Metallkunde 55 (1964) S. 668 - 673.

[39] VDEh: Ermittlung von Kennwerten für die Warmumformbarkeit von Stählen. Düsseldorf: Verlag Stahleisen, 1972.

[40] Krause, U.: Vergleich verschiedener Verfahren zur Bestimmung der Formänderungsfestigkeit bei der Kaltumformung. Hannover - Techn. Hochschule, Dr.-Ing.-Diss. 1963.

[41] Lange, K.: Lehrbuch der Umformtechnik, Band 2 Massivumformung. Berlin/...: Springer 1974.

[42] Kast, D.: Modellgesetzmäßigkeiten beim Rückwärtsfließpressen geometrisch ähnlicher Näpfe. Berichte aus dem Institut für Umformtechnik, Universität Stuttgart, Nr. 13. Essen: Girardet 1969.

[43] Schmitt, G.: Untersuchungen über das Rückwärts-Napffließpressen von Stahl bei Raumtemperatur. Berichte aus dem Institut für Umformtechnik, Universität Stuttgart, Nr. 7. Essen: Girardet 1968.

[44] Dannenmann, E., Huber, J.: Die Größe des Umformwirkungsgrades und des Kraftverlaufkorrekturbeiwertes beim Voll-Vorwärts-Fließpressen von Stahl Ck 15. Teil 1: Ind.-Anz. 91 (1969) S. 1093 - 1095. Teil 2: Ind.-Anz. 91 (1969) S. 1404 - 1410.

[45] Dannenmann, E., Huber, J.: Ermittlung der Umformarbeit und Umformkraft mit Hilfe des Umformwirkungsgrades beim Voll-Vorwärts-Fließpressen. Ind.-Anz. 90 (1968) S. 1834 - 1837.

[46] Siebel, E.: Die Formgebung im bildsamen Zustand. Düsseldorf: Verlag Stahleisen 1932.

[47] Billigmann, J., Feldmann, H.-D.: Stauchen und Pressen. Carl Hanser Verlag, München 1973.

[48] Prager, W., Hodge, P. G.: Theorie idealplastischer Körper. Wien: Springer 1954.

[49] Avitzur, B.:Metal Forming: Processes and Analysis. New York/...: Mc Graw-Hill 1968.

[50] Dipper, H.: Das Fließpressen von Hülsen in Rechnung und Versuch. Dr.-Ing.-Diss., Techn. Hochschule Stuttgart 1949.

[51] Gentzsch, G.: Kaltstauchen Fließpressen Massivprägen, Teil 1 Übersicht. Düsseldorf: VDI-Verlag 1968.

[52] Steck, E.: Kraftberechnung bei Umformverfahren mit Hilfe der "oberen Schranke". Werkstattstechnik 57 (1967) S. 273 - 279.

[53] Geiger, R.: Der Stofffluß beim kombinierten Napffließpressen. Berichte aus dem Institut für Umformtechnik, Universität Stuttgart, Nr. 36. Essen: Girardet 1976.

[54] Wilhelm, H.: Untersuchungen über den Zusammenhang zwischen Vickershärte und Vergleichsformänderung bei Kaltumformvorgängen. Berichte aus dem Institut für Umformtechnik, Universität Stuttgart, Nr. 9. Essen: Girardet 1969.

[55] Pugh, H. Ll. D.: Recent Developments in Cold Forming. Bulleid Memorial Lectures 1, Vol. III A, University of Nottingham 1965.

[56] Feldmann, H.-D.: Fließpressen von Stahl. Berlin / Göttingen /Heidelberg: Springer 1959.

[57] Schumann, H.: Metallographie. VEB Deutscher Verlag für Grundstoffindustrie. Leipzig 1964.

[58] Böhm, H.: Einführung in die Metallkunde. Hochschultaschenbücher-Verlag. Bibliographisches Institut Mannheim /Wien /Zürich 1968.

[59] Wagener, H. W., Leykamm, H.: Maßtoleranzen an Kaltfließpreßwerkstücken aus Stahl. Ind.-Anz. 90 (1968) S. 45 - 51.

[60] Sachs, L.: Angewandte Statistik. Berlin /...: Springer 1974.

[61] Meyer-Nolkemper, H.: Über den Einfluß der Temperatur beim Warmfließpressen von Stahl. Ind.-Anz. 89 (1967) S. 2245 - 2248.

[62] Kast, D.: Untersuchungen über den Kraft- und Arbeitsbedarf sowie den Umformwirkungsgrad beim Vorwärts-Vollfließpressen von Stahl. Berichte aus dem Institut für Umformtechnik, Techn. Hochschule Stuttgart, Nr. 3. Essen: Girardet 1965.

[63] Kienzle, O.: Mietzner, K.: Mikrogeometrische Veränderungen der Oberfläche bei Kaltumformvorgängen. Forsch. Ber. des Landes N Rhein-Westf. Nr. 812, Köln /Opladen: Westdeutscher Verlag 1960.

[64] Dannenmann, E.: Die Veränderung der Oberflächenbeschaffenheit beim Voll-Vorwärts-Fließpressen von Stahl. C.I.R.P.-Annalen, Vol. XVII (1969) S. 353 - 365.

[65] Kienzle, O., Mietzner, K.: Grundlagen einer Typologie umgeformter Oberflächen mittels Verfahrensanalyse. Springer Verlag 1965.

Verwendete Größen, Formelzeichen und Einheiten

A	mm^2	Fläche
A_g	%	Gleichmaßdehnung
A_5	%	Bruchdehnung
a_k	J/cm^2	Kerbschlagzähigkeit
b	mm	Bodendicke
C_1, C_2		Konstanten
d	mm	Durchmesser
F	kN	Kraft
H	mm	Hub
HV10		Vickershärte
h	mm	Höhe
h_i	mm	Napfhöhe
k_f	N/mm^2	Fließspannung
l	mm	Länge
m		Kraftverlauf-Korrekturbeiwert
n		Verfestigungsexponent
n_K	min^{-1}	Hubzahl
P	Nm/s	Leistung
$\overline{p}$	N/mm^2	bezogene Kraft
R_a	µm	Mittenrauhwert
R_m	N/mm^2	Zugfestigkeit
R_p	µm	Glättungstiefe
$R_{p0,2}$	N/mm^2	0,2-Dehngrenze
R_t	µm	Rauhtiefe
$R_{p0,2}/R_m$		Streckgrenzenverhältnis
T	K, °C	Temperatur
v	mm/s	Geschwindigkeit
Z	%	Brucheinschnürung
2 α	Grd	Schulteröffnungswinkel bzw. Kegelwinkel des Stempels
ε_A		relative Querschnittsänderung
ε_V		Vergleichsformänderung
$\dot{\varepsilon}_V$	s^{-1}	Vergleichsformänderungsgeschwindigkeit
η_F		Umformwirkungsgrad
μ		Reibwert
φ		Umformgrad

$\dot{\varphi}$	s^{-1}	Umformgeschwindigkeit
ϱ_p, ϱ_t		relative Rauheitsänderungen

Indizes

A	Anlaß...
AZ	Ausgangszustand
ges	Gesamt...
id	ideell
M	Matrize
m	mittlerer Wert
max	maximal
N	Nenn...
R	Rohteil..., Reib...
St	Stempel...
U	Umform...
Wz	Werkzeug...
r, z	Achsrichtungen
0	Anfangs...
1	End...

Abkürzungen

AZ	Ausgangszustand
HWFP	Halbwarmfließpressen
NRFP	Napf-Rückwärts-Fließpressen
VVFP	Voll-Vorwärts-Fließpressen

0 Einleitung

Die Kaltmassivumformung und dabei vor allem das Kaltfließpressen von Stahl zeigt seit Jahren eine stetige Aufwärtsentwicklung, die u. a. maßgeblich auf die zunehmende Verwendung von Kaltfließpreßteilen im Automobilbau zurückzuführen ist. Neben der Einsparung von Werkstoff bietet das Kaltfließpressen gegenüber anderen konkurrierenden Fertigungsverfahren weitere Vorteile, wie gute Maßgenauigkeit und Oberflächengüte, durch die das Kaltfließpreßteil als fertiges bzw. nahezu fertiges Einbauteil verwendet werden kann.

Dem Kaltfließpressen von Stahl sind jedoch Grenzen gesetzt, die zum einen gegeben sind durch die zulässige Belastung der Werkzeuge und zum andern durch das Formänderungsvermögen des umzuformenden Werkstoffs. Abgesehen von den beiden Bereichen der Blau- und Rotsprödigkeit nimmt mit zunehmender Temperatur die Fließspannung der Stähle und damit die Werkzeugbelastung ab, während sich das Formänderungsvermögen des Werkstoffs erhöht. Nicht oder nur bei kleinen Umformgraden kaltfließpreßbare Werkstoffe werden deshalb meist durch Gesenkschmieden bzw. Warmfließpressen umgeformt. Warmfließpressen aus der Schmiedewärme bringt bezüglich der Werkstückgenauigkeit und Oberflächengüte infolge Verzunderung, Schwindung und Verzug wiederum erhebliche Nachteile mit sich.

Durch Umformen zwischen Raumtemperatur und Schmiedetemperatur verfolgt man deshalb seit einiger Zeit das Ziel, die Vorteile des Kaltfließpressens mit denen des Warmfließpressens zu verbinden. Fließpressen in diesem Temperaturbereich wird dann i. a. mit dem Begriff "Halbwarmfließpressen" bezeichnet, wobei nicht der gesamte Bereich zwischen Raumtemperatur und Schmiedetemperatur gleichermaßen für das Umformen geeignet ist. Als Orientierungshilfe für den günstigsten Temperaturbereich dient die Fließspannung des umzuformenden Werkstoffs. Die Abnahme der Fließspannung mit zunehmender Temperatur wird bei den für das Fließpressen üblicherweise verwendeten Stahlwerkstoffen an zwei Stellen unterbrochen. Bei niedrig legierten Kohlenstoffstählen und Einsatzstählen zeigt die Fließspannung im Bereich der Blausprödigkeit (rund 470 K bis 670 K, entsprechend 200 °C bis 400 °C) ein relatives Maximum, dessen Lage geschwindigkeitsabhängig ist und sich mit höheren Umformgeschwindigkeiten zu höheren Temperaturen hin verschiebt. Die Fließspannung kann dabei die bei Raumtemperatur üblichen Werte erreichen. Das Gebiet der Blausprödigkeit stellt damit eine untere Grenze dar für die Anwendung des Halbwarmfließpressens. Bei höher legierten Stählen macht sich die Blausprödigkeit nicht so sehr bemerkbar und ist unter Umständen nur an einer geringeren Abnahme der Fließspannung zu erkennen. Oberhalb der Blausprödigkeit erfolgt dann ein steiler Abfall der Fließspannung,bis sie im Bereich der Rotsprödigkeit bei etwa 1070 K (800 °C) ein neues Maximum erreicht. Der Anstieg der Fließspannung ist dabei geringer als im Bereich der Blausprödigkeit. Das Umformen im Bereich der Rotsprödigkeit ist jedoch bereits mit einer beträchtlichen Zunahme der Zunderbildung verbunden, so daß das Gebiet der Rotbrüchigkeit den Anwendungsbereich des Halbwarmfließpressens nach oben begrenzen sollte.

Entscheidend für die Einführung eines neuen Verfahrens in die industrielle Fertigung ist neben der technischen Anwendbarkeit vor allem seine Wirtschaftlichkeit. Ein - auf Schätzwerten beruhender - Vergleich mit dem Kalt- und Warmfließpressen läßt das Halbwarmfließpressen durchaus als konkurrierendes Verfahren erscheinen, wobei durch den Wegfall der beim Kaltfließpressen von Stahl notwendigen Oberflächenbehandlung der Rohteile, insbesondere des Beizens und Phosphatierens ein wesentlicher Kostenfaktor hinfällig wird [1] (Bild 1).

Mit der sich abzeichnenden Energieverknappung und dem damit verbundenen Anstieg der Energiekosten wird dem Energiekostenanteil bei der Herstellung eines Werkstücks aus Stahl in Zukunft wesentlich mehr Beachtung geschenkt werden müssen. Nach [2] ergeben sich auch hier Vorteile für das Halbwarmfließpressen (Bild 2).

Für das Halbwarmfließpressen von Stahl kann in Zukunft mit genügend Anwendungsmöglichkeiten gerechnet werden. Es bietet sich dabei nicht nur als Alternative zu den Verfahren Kalt- und Warmfließpressen, sondern auch als Ergänzung zum Kaltfließpressen an, wenn durch Halbwarmfließpressen unter Einsparung von Umformstufen zunächst eine größere Massenverteilung vorgenommen wird und im Anschluß daran bei Raumtemperatur das Fertigteil gepreßt wird.

1 Stand der Erkenntnisse

In den letzten Jahren ist das Halbwarmfließpressen von Stahl unter Einbeziehung der verschiedensten Gesichtspunkte mehrfach im Schrifttum behandelt worden. Es liegen bereits übersichtliche Zusammenfassungen über den gegenwärtigen Kenntnisstand vor [3, 4], so daß an dieser Stelle nur auf einige wichtige Arbeiten eingegangen werden soll.

Mit den Grundlagen und Anwendungsmöglichkeiten des Verfahrens befassen sich [5, 6, 7]. Der Kraftbedarf beim Halbwarmfließpressen wird von der Fließspannung des Werkstückstoffs entscheidend beeinflußt. Die Fließspannung wiederum wird u. a. maßgeblich bestimmt von der Temperatur, von Umformgrad und Umformgeschwindigkeit, von Werkstoffzustand und Werkstoffzusammensetzung, wobei zwischen diesen Parametern gegenseitige Wechselbeziehungen bestehen. Da im Bereich der Halbwarm- und Warmumformung der Einfluß der Umformgeschwindigkeit auf die Fließspannung zu berücksichtigen ist, werden Warmfließkurven meist bei konstanten Umformgeschwindigkeiten aufgenommen. Über solche Warmfließkurven liegen insgesamt noch wenig Angaben vor [8 bis 12]. Die vorhandenen Fließkurven sind dazu meist bei Umformgeschwindigkeiten aufgenommen, die für die Verhältnisse beim Fließpressen nur bedingt zutreffen. Zunehmende Umformgeschwindigkeit hat in der Regel auch eine höhere Fließspannung zur Folge und verschiebt das Gebiet der Blausprödigkeit zu höheren Temperaturen, wodurch der Temperaturbereich für die Halbwarmumformung eingeschränkt wird [13]. Über den Einfluß verschiedener Legierungselemente auf die Fließspannung von Stahlwerkstoffen wird in [14, 15] berichtet.

In umfassenden Untersuchungen über das Halbwarmschmieden [16] und das Warmfließpressen [17] werden am Rande auch einige Probleme des Halbwarmfließpressens von Stahl behandelt. Eine Reihe von Untersuchungen befaßt sich schwerpunktmäßig mit verfahrenstechnischen Problemen. In diesen Untersuchungen stehen die Werkzeuggestaltung und deren Einfluß auf den Kraftbedarf, die Werkzeugbeanspruchung und -standmenge im Vordergrund [18 bis 23]. Für die Verfahren Voll-Vorwärts- und Napf-Rückwärts-Fließpressen werden in [24, 25] Nomogramme vorgestellt, die es gestatten, für eine Reihe von Stählen den Kraftbedarf bzw. die Werkzeugbelastung in einem weiten Temperaturbereich zu bestimmen.

Inhalt weiterer Untersuchungen über das Halbwarmfließpressen sind die Eigenschaften der Werkstücke nach dem Umformen. Der für das Halbwarmfließpressen von Stahl infrage kommende Temperaturbereich ist gekennzeichnet durch einen Steilabfall der Fließspannung. Schwankungen der Rohteiltemperatur wirken sich somit über die Auffederung der Umformmaschine bzw. die elastische Verformung des Werkzeugs auf die Maßgenauigkeit der fließgepreßten Teile aus. Für eine maßgenaue Fertigung durch Halbwarmfließpressen ist deshalb eine genaue Temperaturführung erforderlich. Im Vergleich zum Kaltfließpressen wird beim Halbwarmfließpressen die Genauigkeit um ein bis zwei ISO-Qualitäten höher angesetzt [2, 4, 5, 26].

Die Beschaffenheit der Werkstückoberfläche wird beeinflußt von Werkstoff, Ausgangsoberfläche, Umformgrad, Temperatur, Schmierung und Werkzeugverschleiß, so daß es sehr schwierig ist, eindeutige Voraussagen über die Oberflächenbeschaffenheit halbwarmumgeformter Werkstücke zu treffen. Man kann jedoch davon ausgehen, daß die Oberflächengüte wesentlich besser ist als beim Warmfließpressen, jedoch nicht ganz so gut wie beim Kaltfließpressen. Nach [4, 22, 26] liegen die Werte für die Rauhtiefe nach dem Halbwarmfließpressen zwischen 10 µm und 60 µm.

Neben den geometrischen Eigenschaften sind auch die mechanischen Eigenschaften der Werkstücke von Interesse, insbesondere dann, wenn nach dem Fließpressen nicht mehr wärmebehandelt wird. Im Temperaturbereich zwischen Blau- und Rotsprödigkeit laufen Kristallerholungs- und Rekristallisationsvorgänge ab, durch die die beim Umformen entstehende Verfestigung zu einem mehr oder weniger großen Teil wieder abgebaut wird. Härtesteigerungen, wie sie durch das Kaltfließpressen zu erreichen sind, werden beim Halbwarmfließpressen nicht die Regel sein. Im Bereich zwischen Blau- und Rotsprödigkeit wird mit steigender Temperatur ein ziemlich gleichmäßiger Abfall der Härte und auch der Festigkeit festgestellt. Der Einfluß des Umformgrades kann dabei nach [27, 28] als gering bezeichnet werden. Dagegen ist die

Kerbschlagzähigkeit nach dem Halbwarmfließpressen außer von der Werkstoffzusammensetzung ganz wesentlich vom Umformgrad abhängig [28].

Rekristallisationsvorgänge werden zum Teil schon während der Umformung festgestellt. Erste Rekristallisationskörner können je nach Umformgrad bereits bei Temperaturen um 770 K (500 °C) auftreten [28, 29, 30].

Aufgabe eines Schmierstoffs beim Fließpressen ist neben der Herstellung einer tragfähigen Trennschicht zwischen Werkzeug- und Werkstückoberfläche zur Verhinderung von Verschleiß die Verringerung der Reibkräfte und damit des Kraftbedarfs beim Umformen. Dazu ist eine gute Haftung des Schmierstoffs notwendig, durch die ein Abreißen des Schmierfilms auch bei hohen Oberflächenvergrößerungen verhindert werden soll. Beim Kaltfließpressen dient dafür eine Schmierstoffträgerschicht (meist eine Zinkphosphatschicht), die jedoch thermisch nicht beständig ist und somit für das Halbwarmfließpressen nur geringe Vorteile bringt.

Die Ergebnisse von Reibwertuntersuchungen an verschiedenen Schmierstoffen zeigen, daß Natronseifen und auch Schmierstoffe auf MoS_2-Basis - ebenfalls wegen thermischer Unbeständigkeit - für das Halbwarmfließpressen nicht geeignet sind [31, 32].

Größtenteils werden heute Schmierstoffe auf Graphitbasis verwendet, die, als wässrige Graphitdispersionen, als Graphit-Öl oder auch Graphit-Wasser-Öl-Dispersionen, neben guter Benetzungsfähigkeit und Haftung ausreichende Temperaturbeständigkeit aufweisen [4, 5, 31 bis 37]. Je nach Anwendungsfall kann die Schmierung auf unterschiedliche Art durchgeführt werden: Durch Besprühen der Rohteile bzw. Tauchen der Rohteile in Schmierstoff vor dem Erwärmen, durch Besprühen des Werkzeugs oder durch eine Kombination beider Verfahren.

Ein besonders wichtiges und kritisches Problem beim Halbwarmfließpressen von Stahl ist nach wie vor die Wahl der geeigneten Werkzeugwerkstoffe. Die Stempel zum Napffließpressen sind i. a. den größten mechanischen und thermischen Belastungen ausgesetzt. Die bez. Stempelkräfte können hier Werte annehmen, die bei 2000 N/mm^2 liegen und etwa denen beim Kaltfließpressen entsprechen. Wegen der zusätzlichen hohen thermischen Belastung scheiden Kaltarbeitsstähle, die eine zu geringe Anlaßbeständigkeit zeigen, als Stempelwerkstoff aus. Übliche Warmarbeitsstähle sind wegen der zu hohen mechanischen Belastung nur bedingt als Stempelwerkstoff geeignet, werden jedoch für Armierungsringe und unter Umständen als Matrizenwerkstoff verwendet. Schnellarbeitsstähle, insbesondere solche mit Co-Zusatz, durch den neben der Druckfestigkeit auch die Anlaßbeständigkeit und die Warmhärte gesteigert wird, kommen somit am ehesten als Stempelwerkstoffe in Betrachtung [4, 5, 20, 26].

2 Aufgabenstellung, Zielsetzung, Lösungsweg

Die Auswertung des Schrifttums zeigte, daß in den letzten Jahren Ansätze erkennbar geworden sind, das Halbwarmfließpressen als industrielles Fertigungsverfahren einzuführen. Das Vorliegen von Detailkenntnissen über das Werkstoffverhalten, die Tribologie und - mit Einschränkungen - auch über die Technologie reicht jedoch noch nicht aus, um gültige Voraussagen über die Auswirkungen verschiedener Vorgangsparameter (Umformverfahren, Umformgrad, Werkstückwerkstoff, Rohteiltemperatur) auf den Vorgangsablauf, den Kraftbedarf, die Werkzeugbelastung und die zu erwartenden Werkstückeigenschaften nach dem Umformen zu treffen.

Auf ein umfangreiches Untersuchungsprogramm gestützt, ist es das Ziel dieser Arbeit, fundierte Grundlagen und Entscheidungshilfen für den Einsatz des Halbwarmfließpressens zu schaffen.

Für die beiden Verfahren Voll-Vorwärts- und Napf-Rückwärts-Fließpressen werden der Kraftbedarf in Abhängigkeit von Rohteiltemperatur, Umformgrad und Werkstückwerkstoff experimentell ermittelt und die Ergebnisse in Form von Nomogrammen aufbereitet.

Unter Verwendung entsprechender Werkstoffkennwerte (Fließkurven) werden Möglichkeiten zur Berechnung des Kraftbedarfs vorgestellt.

Die vereinfachte Aufnahme von Warmfließkurven im Stauchversuch mit annähernd konstanter Umformgeschwindigkeit ist ebenfalls Gegenstand der Untersuchung.

Der Stofffluß beim Halbwarmfließpressen wird mit Hilfe von visioplastischen Untersuchungen deutlich gemacht und mit dem beim Kaltfließpressen verglichen. Diese Untersuchungen liefern weiterhin Angaben über das Geschwindigkeitsfeld und die Verteilung der Formänderungen im Fließpreßteil.

Ein weiterer Schwerpunkt der Untersuchungen ist die Ermittlung der Gebrauchseigenschaften der Werkstücke nach dem Umformen. Dazu gehören sowohl die mechanischen Eigenschaften (Härte, Kennwerte aus dem Stauch- und Zugversuch, Kerbschlagzähigkeit) als auch die geometrischen Eigenschaften (Maßabweichungen, Oberflächenbeschaffenheit).

An Beispielen wird gezeigt, inwieweit über den Ausgangszustand des Werkstoffs Einfluß genommen werden kann auf die mechanischen Eigenschaften nach dem Umformen.

Die Untersuchungen über die Gebrauchseigenschaften werden durch Gefügeaufnahmen ergänzt.

In komprimierter Form werden anschließend einige Hinweise für die praktische Anwendung des Verfahrens gegeben.

3 Fließkurven der Versuchswerkstoffe

3.1 Grundlagen

Den meisten Berechnungsverfahren zur Ermittlung der für die Umformung erforderlichen Kraft wird die Fließspannung des Werkstückwerkstoffs zugrunde gelegt. Unter der Fließspannung k_f wird dabei die Spannung verstanden, die notwendig ist, plastisches Fließen des Werkstoffs einzuleiten bzw. aufrechtzuerhalten. Sie ist u. a. abhängig vom Umformgrad φ, von der Umformgeschwindigkeit $\dot{\varphi}$ und von der Temperatur T. Die Fließspannung k_f, aufgetragen über dem Umformgrad φ, ergibt die Fließkurve. Das gebräuchlichste Verfahren zur Aufnahme von Fließkurven für die Belange der Massivumformung ist der Stauchversuch, bei dem eine zylindrische Probe zwischen zwei ebenen parallelen Stauchbahnen von der Anfangshöhe h_o auf die Endhöhe h_1 kontinuierlich gestaucht wird.

Beim Stauchen schlanker Proben und unter der Voraussetzung geringer Reibung an den Probenstirnflächen, durch die ein Ausbauchen der Probe möglichst verhindert wird, kann der Spannungszustand näherungsweise als einachsig angesehen werden. Für die Fließspannung gilt dann

$$k_f = \frac{F}{A} \qquad (3,1)$$

und für den Umformgrad φ bei einer augenblicklichen Probenhöhe h:

$$\varphi = \ln \frac{h}{h_o} \qquad (3,2)$$

Der Einfluß der Umformgeschwindigkeit auf die Fließspannung ist je nach Umformtemperatur unterschiedlich groß. Bei Raumtemperatur wird, insbesondere bei kleineren Umformgraden, meist eine geringfügige Erhöhung der Fließspannung mit zunehmender Umformgeschwindigkeit beobachtet. Bei Temperaturen im Bereich der Halbwarm- und Warmumformung wirkt sich eine Veränderung der Umformgeschwindigkeit wesentlich stärker aus, so daß der Einfluß der Umformgeschwindigkeit nicht mehr unberücksichtigt bleiben darf. Eine Zunahme der Umformgeschwindigkeit verursacht hier auch eine Zunahme der Fließspannung. Weiter wird mit größeren Umformgeschwindigkeiten der Bereich der Blausprödigkeit zu höheren Temperaturen hin verschoben, so daß dadurch das Gebiet der Halbwarmumformung eingeengt werden kann.

Diese Abhängigkeit der Fließspannung von der Umformgeschwindigkeit hat zur Folge, daß bei höheren Temperaturen die Fließkurven möglichst bei konstant bleibenden Umformgeschwindigkeiten aufgenommen werden sollten.

Die Umformgeschwindigkeit $\dot{\varphi}$ beim Stauchen kann aus Gl. (3,2) berechnet werden zu

$$\dot{\varphi} = \frac{d\varphi}{dt} = \frac{d_h/h}{dt} = \frac{v_{Wz}}{h} \tag{3,3}$$

wobei v_{Wz} die augenblickliche Werkzeug- (Stauchbahn-) geschwindigkeit und h die Probenhöhe ist. Ein Stauchen mit konstanter Umformgeschwindigkeit erlaubt das sog. Plastometer [38], dessen Werkzeuggeschwindigkeit nach der Beziehung

$$v_{Wz} = \frac{v_{Wzo}}{h_o} \cdot h \tag{3,4}$$

verändert wird.

Die Abnahme der beiden Größen Probenhöhe h und Werkzeuggeschwindigkeit v_{Wz} beim Stauchen auf einer mechanischen Presse (Kurbelpresse z. B.)(Bild 3 a) führt zu dem in Bild 3 b gezeigten Verlauf der Umformgeschwindigkeit $\dot{\varphi}$ über dem Umformgrad φ. Dabei zeigt sich über einen weiten Bereich hinweg nur eine geringfügige Änderung der Umformgeschwindigkeit mit zunehmendem Umformgrad, so daß hier von einer etwa konstanten mittleren Umformgeschwindigkeit $\dot{\varphi}_m$ ausgegangen werden kann. Für die praktische Anwendung dieses Verfahrens zur Ermittlung einer Fließkurve mit $\dot{\varphi}_m \approx$ const. bedeutet das, daß eine Stauchprobe bis zu einem Umformgrad φ_G gestaucht wird, die Auswertung der Fließkurve sich jedoch nur auf den Bereich $\dot{\varphi}_m \approx$ const beschränkt. Nach [39] stimmen die mit diesem Verfahren ermittelten Fließkurven recht gut mit den Fließkurven überein, die mit $\dot{\varphi}$ = const aufgenommen werden. Die Größe der Umformgeschwindigkeit $\dot{\varphi}_m$ läßt sich weitgehend über die Umformmaschine, durch Veränderung von Hub und Hubzahl, oder über die Probenabmessung (Probenhöhe) einstellen.

Auf der Grundlage dieser Überlegungen wurde ein Werkzeug gebaut, das es erlaubt, mit einem vertretbaren Aufwand Warmfließkurven im Stauchversuch aufzunehmen.

3.2 Versuchseinrichtungen und -durchführung

3.2.1 Umformmaschine

Die Warmfließkurven sollten u. a. als Grundlage für die Ermittlung des Kraftbedarfs beim Halbwarmfließpressen dienen. Eine der Forderungen, die an die Fließkurven gestellt wurden, war daher, daß sie bei Umformgeschwindigkeiten aufgenommen werden sollten, die für das Fließpressen als realistisch anzusehen sind. Von den im Versuchsfeld des Instituts für Umformtechnik vorhandenen mechanischen Pressen kam aufgrund dieser Forderung eine Exzenterpesse mit F_N = 630 kN (Fabrikat Schuler, Modell PED 63/250) in Betracht. Bei dieser Umformmaschine konnte die Hubzahl stufenlos zwischen n_K = 70 min^{-1} und n_K = 140 min^{-1} und der Hub zwischen H = 30 mm und H = 140 mm verändert werden.

3.2.2 Versuchswerkzeug

Bild 4 zeigt das für die Aufnahme der Warmfließkurven gebaute Stauchwerkzeug. Es besteht im wesentlichen aus den beiden Stauchbahnen (Werkstoff: NiCr19CoMo, Werkstoff Nr. 2.4973), dem aufklappbaren Rohrofen und dem direkt in den Kraftfluß eingebauten Quarzkristall-Kraftmeßkörper. Der untere Teil des Werkzeugs, in dem der Kraftmeßkörper eingebaut war, wurde durch eine Öffnung im Pressentisch abgehängt. Die unterhalb der unteren Stauchbahn eingebauten Werkzeugteile wurden intensiv mit Wasser gekühlt, so daß sich der Kraftmeßkörper nicht unzulässig hoch erwärmen konnte.

3.2.3 Meß-, Registrier- und Regeleinrichtungen

Die Kraftmessung erfolgte unmittelbar im Kraftfluß mit einem Quarzkristall-Kraftmeßkörper (Fabrikat Kistler, Typ 9081). Die Wegmessung wurde mit einem induktiven Wegaufnehmer, der außerhalb des Ofens angebracht war, durchgeführt. Die Ladungsänderungen des Kraftmeßkörpers wurden über einen Ladungsverstärker (Fabrikat Kistler, Typ 5001), die Induktionsänderungen des Wegaufnehmers über einen Trägerfrequenzmeßverstärker (Fabrikat Hottinger, Typ KWS/2-5) in analoge Spannungen umgewandelt, verstärkt und dem Registriergerät zugeführt. Für die Registrierung der beiden Meßgrößen Kraft und Weg kam wegen der hohen Stempelgeschwindigkeiten nur ein Kathodenstrahloszillograph (Fabrikat Rohde u. Schwarz, Typ 561 A) mit Registrierkamera (Fabrikat Steinheil, Typ M 2) in Betracht. Aus den damit aufgenommenen Kraft-Weg-Verläufen wurden dann die Fließkurven ermittelt.

Zum genauen Einstellen und Überwachen der Stauchbahntemperatur wurde auf die untere Stauchbahn ein Thermoelement angepunktet. Die Spannung dieses Thermoelements wurde mit einem Digital-Voltmeter angezeigt. Die Temperatur des Rohrofens wurde aufgrund der gemessenen Stauchbahntemperatur eingestellt. Die Regelung der Ofentemperatur erfolgte über einen elektronischen Regler mit einer Toleranz von $\pm$ 10 °C.

3.2.4 Versuchsdurchführung

Die Aufnahme der Fließkurven beschränkte sich auf die Werkstoffe Ck 15, 20 MnCr 5, 15 CrNi 6, Cf 53, 42 CrMo 4 und 100 Cr 6, die auch für das übrige Untersuchungsprogramm ausgewählt wurden. Die chemische Zusammensetzung der Werkstoffe und ihre Wärmebehandlung sind in Tabelle 1 zusammengestellt.

Bei den Abmessungen der Stauchproben wurde mit

$$d_o = 10 \text{ mm und}$$
$$h_o = 16 \text{ mm}$$

das für die Aufnahme von Fließkurven günstige Höhen/Durchmesser-Verhältnis h_o/d_o = 1,6 eingehalten.

Die Stauchversuche wurden bei Raumtemperatur (293 K) und im Bereich zwischen 773 K (500 °C) und 1073 K (800 °C) durchgeführt. Die Temperaturstufung zwischen 773 K und 1073 K betrug 50 °C.

Die beiden Stauchbahnen und die Stauchprobe wurden vor Beginn des Umformvorgangs jeweils auf die gleiche Temperatur erwärmt. Die Erwärmung der Stauchbahnen erfolgte mit dem im Werkzeug integrierten Rohrofen, die Erwärmung der Stauchproben außerhalb in einem elektrisch beheizten Kammerofen. Die Temperaturangaben der Stauchproben beziehen sich auf die Temperatur bei Entnahme aus dem Ofen. Die Abkühlung der Stauchproben beim Transport vom Ofen ins Werkzeug wurde mit einer Referenzprobe erfaßt, in die ein Thermoelement eingepreßt war. Dabei ergab sich, daß die Abkühlung der Probe (gemessen am Probenrand) während den Hantierungszeiten, die unter 5 s lagen, mit max. 8 °C bei 1073 K Solltemperatur sehr gering ist.

Vor dem Erwärmen wurden die Stauchproben durch Tauchen in die wäßrige Graphitdispersion DELTA 144 geschmiert. Dieser Schmierstoff wurde auch für das Halbwarmfließpressen verwendet.

Die Versuche wurden einheitlich bei den festgelegten Probenabmessungen beim größtmöglichen Hub H = 140 mm und mit der größtmöglichen Hubzahl n_K = 140 min^{-1} durchgeführt. Die Proben wurden auf eine Endhöhe von h_1 = 5 mm - dies entspricht einem Umformgrad φ_G = 1,16 - gestaucht. Die Auswertung der Fließkurven beschränkte sich jedoch auf den Bereich $0 \leq \varphi \leq 0,85$, in dem die mittlere Umformgeschwindigkeit $\dot{\varphi}_m$ = 38 s^{-1} mit guter Näherung (± 5 %) als kosntant angesehen werden kann.

Beim kontinuierlichen Stauchversuch kann trotz guter Schmierung ein Ausbauchen der Probe kaum ganz verhindert werden. Bei den Versuchen zeigte sich, daß der Durchmesser des größten Querschnitts der ausgebauchten Probe um max. 0,5 mm von dem Durchmesser abwich, der unter Beibehaltung einer zylindrischen Probenform aufgetreten wäre. Bei derart kleinen Abweichungen kann nach Untersuchungen von [14, 15, 40] davon ausgegangen werden, daß der Fehler im Vergleich zum reibungsfreien Stauchversuch klein ist und zumindest in dem Bereich, in dem die Fließkurven aufgenommen wurden, vernachlässigt werden kann.

3.3 Ergebnisse

Die wichtigsten Einflußgrößen auf die Fließspannung k_f sind Temperatur T, Umformgrad φ und Umformgeschwindigkeit $\dot{\varphi}$. Bei den in Bild 5 bis 7 gezeigten Fließkurven der Versuchswerkstoffe ist mit der Umformgeschwindigkeit eine dieser Einflußgrößen konstant gehalten. Im folgenden soll deshalb am Beispiel dieser Fließkurven auf die Abhängigkeit der Fließspannung von Umformgrad und Temperatur eingegangen werden.

Die Abhängigkeit der Fließspannung k_f vom Umformgrad φ zeigt keine einheitliche Tendenz. Lediglich bei Raumtemperatur nimmt die Fließspannung mit zunehmendem Umformgrad bei allen Werkstoffen zu. Im Temperaturbereich zwischen 773 K (500 °C) und 1073 K (800 °C) dagegen ist nach anfänglichem Anstieg und Erreichen eines Höchstwertes der Verlauf der Fließspannung je nach Werkstoff und Temperatur unterschiedlich ausgeprägt. Bei 773 K (500 °C) bleibt die Fließspannung nach Erreichen des Höchstwertes etwa konstant oder nimmt nur geringfügig ab. Oberhalb dieser Temperatur wird dann bei den Werkstoffen Cf 53, 42 CrMo 4 und 100 Cr 6 ein steiler Abfall der Fließspannung nach Erreichen des Höchstwertes beobachtet. Bei den Einsatzstählen Ck 15, 20 MnCr 5 und 15 CrNi 6 ist dieser degressive Kurvenverlauf ebenfalls vorhanden, der Abfall der Fließspannung ist jedoch nicht so deutlich. Der Höchstwert k_{fmax} wird meist im Bereich $0{,}2 \leq \varphi \leq 0{,}4$ und damit bereits bei kleinen Umformgraden erreicht. Die für den Stauchvorgang aufgewendete Umformarbeit wird fast vollständig in Wärmeenergie umgewandelt und führt zu einer entsprechenden Temperaturerhöhung der Stauchprobe. Im untersuchten Temperaturbereich wirkt sich bereits eine geringe Temperaturänderung merklich auf die Höhe der Fließspannung aus, so daß die Erhöhung der Probentemperatur während des Stauchvorgangs ausreicht, die Fließspannung entsprechend zu verringern [11].

Mit Ausnahme der beiden Werkstoffe 100 Cr 6 und 42 CrMo 4, bei denen die Fließkurven bei 1073 K ganz bzw. zum Teil über denen bei 1023 K verlaufen, nimmt die Fließspannung mit zunehmender Temperatur ab. Dabei ist der Unterschied zwischen den bei Raumtemperatur und bei 773 K ermittelten Fließkurven verhältnismäßig gering im Vergleich zur Veränderung der Fließspannung im Bereich zwischen 773 K (500 °C) und 1073 K (800 °C). Dies wird auch aus Bild 8 deutlich, wo die Fließspannung jeweils auf den entsprechenden Wert bei Raumtemperatur bezogen ist. Das dort eingezeichnete Streuband überdeckt einen weiten Bereich gebräuchlicher Einsatz- und Vergütungsstähle. Liegt für einen Stahlwerkstoff, vorausgesetzt er läßt sich in die Gruppe der angegebenen Werkstoffe einordnen, der bei Raumtemperatur ermittelte Wert der Fließspannung vor, so kann anhand von Bild 8 der entsprechende Wert im Temperaturbereich der Halbwarmumformung zumindest abgeschätzt werden.

4 Kraftbedarf

4.1 Experimentelle Ermittlung des Kraftbedarfs

4.1.1 Versuchsplanung und -durchführung

4.1.1.1 Umformverfahren

Für die Untersuchungen zur Ermittlung des Kraftbedarfs wurden die beiden Grundverfahren Napf-Rückwärts- und Voll-Vorwärts-Fließpressen ausgewählt. Beim Voll-Vorwärts-Fließpressen betrug der Schaftdurchmesser d_1 einheitlich 15 mm. Zur Erzielung unterschiedlicher rel. Querschnittsänderungen ε_A bzw. Umformgrade φ wurden hier die Rohteilabmessungen variiert. Beim Napf-Rückwärts-Fließpressen wurde von einheitlichen Rohteilabmessungen ausgegangen und unterschiedliche rel. Querschnittsänderungen ε_A durch Veränderung des Stempeldurchmessers erreicht. Bild 9 sind die Bezeichnungen an Roh- und Fertigteil, sowie deren Abmessungen für beide Umformverfahren zu entnehmen.

Beim Voll-Vorwärts-Fließpressen dient neben dem hauptsächlich verwendeten Umformgrad φ auch die rel. Querschnittsänderung ε_A zur Beschreibung der Formänderungen, während beim Napf-Rückwärts-Fließpressen nur die Angabe von ε_A zweckmäßig ist. Zwecks einer besseren Vergleichbarkeit der beiden Verfahren wird daher im folgenden einheitlich die rel. Querschnittsänderung ε_A angegeben.

4.1.1.2 Umformmaschine

Die Versuche wurden auf einer Kurbelpresse (Fabrikat MAYPRES, Typ MKR 2-200/40) mit 2000 kN Nennkraft und einem Gesamthub H = 400 mm durchgeführt. Bei einer Hubzahl von $n_K = 28\ \text{min}^{-1}$ lag die Stempelgeschwindigkeit zu Beginn des Umformvorgangs bei etwa 250 bis 300 mm/s.

4.1.1.3 Versuchswerkzeug

Die Bilder 10 und 11 zeigen die Versuchswerkzeuge für das Voll-Vorwärts- und Napf-Rückwärts-Fließpressen. Für beide Verfahren wurde das gleiche Grundgestell verwendet. Der Aufbau der Werkzeuge gleicht grundsätzlich dem herkömmlicher Fließpreßwerkzeuge.

Zur Vermeidung von Temperaturschocks beim Anfahren wurde das Werkzeug mit einer um den äußeren Schrumpfring gelegten Heizwendel elektrisch beheizt. Die Temperatur von etwa 430 K ($\approx$ 160 °C), die sich dabei an der Preßbüchse einstellte, konnte auch während der Versuche etwa beibehalten werden. Zur Vorwärmung der Stempel auf etwa 400 K ($\approx$ 130 °C) wurden diese vor Versuchsbeginn in das Werkzeug eingefahren. Beim Voll-Vorwärts-Fließpressen blieb diese Stempeltemperatur auch während der Versuchsdurchführung nahezu konstant, während beim Napf-Rückwärts-Fließpressen mittlere Stempeltemperaturen bis zu 500 K ($\approx$ 230 °C) gemessen wurden.

Für die einzelnen Werkzeugteile wurden folgende Werkzeugwerkstoffe verwendet:

- Stempel:	Schnellarbeitsstahl	S10-4-3-10
- Preßbüchse:	Kaltarbeitsstahl	X155CrVMo121
- Armierungsringe:	Warmarbeitsstahl	X40CrMoV51

Für beide Verfahren wurden ungeteilte, doppelt armierte Matrizen verwendet. Beim Voll-Vorwärts-Fließpressen betrug der Schulteröffnungswinkel $2\,\alpha = 90°$, die Länge des Fließbundes war 3 mm. Die Stempel für das Napf-Rückwärts-Fließpressen hatten eine kegelige Stirnfläche von $2\,\alpha = 166°$ und eine Fließbundhöhe von 3 mm.

4.1.1.4 Versuchswerkstoffe

Für die Untersuchungen zur Ermittlung des Kraftbedarfs wurden die in Abschnitt 3.2.4 aufgeführten Werkstoffe verwendet.

Mit der Wahl dieser Werkstoffe wird ein breiter Bereich gebräuchlicher Einsatz- und Vergütungsstähle abgedeckt, unter denen einerseits Werkstoffe sind, die sich auch bei Raumtemperatur gut umformen lassen und damit einen Vergleich Kaltfließpressen - Halbwarmfließpressen ermöglichen. Andererseits wurden auch solche Werkstoffe in die Untersuchung mit einbezogen, die sich bei Raumtemperatur entweder nur bei kleinen Umformgraden oder gar nicht durch Fließpressen bearbeiten lassen.

Die Werkstoffe wurden in Form gewalzter Stäbe (Durchmesser 40 mm) zur Verfügung gestellt. Von den Stäben wurden die Rohteile auf einer automatischen Kaltkreissäge mit einer Längenschwankung von ± 0,1 mm abgelängt, mit einem Aufmaß auf den Rohteil-Nenndurchmesser vorgedreht und geglüht. Nach der Wärmebehandlung wurden die Rohteile auf den Nenndurchmesser mit einer Toleranz von ± 0,02 mm fertiggedreht. Die chemische Zusammensetzung und Wärmebehandlungsvorschriften der Versuchswerkstoffe sind Tabelle 1 zu entnehmen.

4.1.1.5 Schmierstoff und Schmierung

Die Schmierung bei den Versuchen für das Halbwarmfließpressen wurde als kombinierte Werkstück - Werkzeugschmierung mit der wäßrigen Graphitdispersion DELTA 144 (Hersteller: Deutsche Acheson GmbH Ulm) als Schmierstoff durchgeführt. Das Auftragen des Schmierstoffes auf die vorgewärmte Matrize und den vorgewärmten Stempel erfolgte durch Sprühen. Die Rohteile, die auf etwa 370 bis 390 K (100 bis 120 °C) vorgewärmt waren, wurden durch Tauchen in die wäßrige Graphitdispersion beschichtet. Der Schmierstoff zeigte eine gute Haftung auf den vorgewärmten Oberflächen.

Für die wenigen Kaltfließpreßversuche wurden die Rohteile durch Aufbringen von Bonderlube 234 auf eine Zinkphosphatschicht geschmiert.

4.1.1.6 Temperatur

Außer einigen Stichversuchen bei Raumtemperatur mit den beiden Werkstoffen Ck 15 und 20 MnCr 5, wurde im Temperaturbereich zwischen 773 K (500 °C) und 1073 K (800 °C) bei folgenden Rohteiltemperaturen fließgepreßt:

T_R = 773 K, 873 K, 923 K, 973 K, 1023 K und 1073 K.
= 500 °C, 600 °C, 650 °C, 700 °C, 750 °C und 800 °C.

Die graphitisierten Rohteile wurden in einem elektrisch beheizten Kammerofen erwärmt. Die Erwärmung auf 773 K dauerte etwa 15 min, für die Erwärmung auf 1073 K wurden rund 25 min benötigt.

Unter dem Begriff "Rohteiltemperatur" wird jeweils die Temperatur verstanden, die das Rohteil bei der Entnahme aus dem Ofen hatte. Die Abkühlung der Proben beim Transport vom Ofen ins Werkzeug wurde mit einer Probe erfaßt, in deren Kern und Rand je ein Thermoelement eingepreßt war. Dabei ergab sich, daß die Abkühlung im Kern der Probe während der üblichen Hantierungszeiten von ca. 6 bis 8 s mit max. 10 °C sehr gering ist. Die Temperatur am Rand der Probe nimmt erst dann merklich ab, wenn beim Einlegen in die Matrize durch Berührung von Probenoberfläche mit dem erwärmten, jedoch relativ kälteren Werkzeug ein verstärkter Wärmeübergang erfolgen kann. Die Abkühlung beträgt dann 8 s nach Entnahme aus dem Ofen etwa 20 °C bei 773 K bzw. etwa 50 °C bei 1073 K Probenanfangstemperatur (Bild 12).

4.1.2 Meß- und Registriereinrichtungen

Zur Erfassung der Preßkraft diente ein unmittelbar im Kraftfluß vorspannungsfrei eingebauter Kraftmeßkörper, der mit zur Halbbrücke geschalteten Dehnungsmeßstreifen beklebt war. Der Stempelweg wurde über einen induktiven Wegaufnehmer (Fabrikat Hottinger, Typ W 50) gemessen. Die Widerstands- bzw. Induktivitätsänderungen der Meßwertaufnehmer wurden über Trägerfrequenzmeßverstärker (Fabrikat Hottinger, Typ KWS/II-5) in analoge Spannungen umgewandelt,verstärkt und einem Lichtstrahloszillographen (Fabrikat Honeywell, Typ Visicorder 906 S) zugeführt, der die beiden Meßgrößen in Abhängigkeit von der Zeit aufzeichnete.

Die Temperatur der Rohteile während der Erwärmung im Ofen wurde mit einer Probe überwacht, in deren Mitte ein Thermoelement eingepreßt war. Die Probe wurde mit den Rohteilen zusammen erwärmt und hatte deren Abmessungen. Die Spannung des Thermoelements, als Maß für die Höhe der Temperatur, wurde mit einem Digital-Voltmeter angezeigt.

4.1.3 Ergebnisse

4.1.3.1 Kraft-Weg-Verlauf

Der Kraft-Weg-Verlauf für das Voll-Vorwärts-Fließpressen bei Raumtemperatur ist gekennzeichnet durch einen zunächst steilen Anstieg der Stempelkraft bis zu einem Höchstwert F_{Stmax}, der ungefähr dann auftritt, wenn der Werkstoff die Umformzone ausgefüllt hat. Im weiteren Verlauf wird die Stempelkraft dann wieder geringer und nimmt, nachdem sich ein quasistationärer Werkstofffluß eingestellt hat, infolge der Abnahme des Reibkraftanteils im Aufnehmer etwa linear ab. Wie Bild 13 a zeigt, ergibt sich beim Voll-Vorwärts-Fließpressen im Temperaturbereich zwischen 773 K und 1073 K qualitativ ein ähnlicher Verlauf wie beim Kaltfließpressen (293 K). Lediglich zum Vorgangsende hin fällt die Stempelkraft beim Halbwarmfließpressen bereits früher und schneller ab als beim Kaltfließpressen. Hier dürfte sich der stärkere Einfluß der Umformgeschwindigkeit auf die Fließspannung und damit auch auf die Stempelkraft beim Halbwarmfließpressen bemerkbar machen, wenn gegen Ende des Umformvorgangs, bedingt durch das kinematische Verhalten der Umformmaschine, die Stempelgeschwindigkeit verhältnismäßig schnell auf den Wert null im unteren Totpunkt abfällt.

Die Ähnlichkeit der Kraft-Weg-Verläufe bei Raumtemperatur und bei Temperaturen zwischen 773 K und 1073 K ist auch für das Napf-Rückwärts-Fließpressen gegeben, siehe Bild 13 b.

Vom Kaltfließpressen her ist bekannt, daß sich die Kraftspitze zu Beginn des Vorgangs mit steigender rel. Querschnittsänderung etwas stärker ausbildet [41, 42]. Die gleiche Beobachtung konnte auch beim Halbwarmfließpressen gemacht werden. Ein Einfluß des Werkstoffs auf die Charakteristik des Kraft-Weg-Verlaufs war nicht feststellbar.

4.1.3.2 Größte Stempelkraft

Die Auswahl der geeigneten Umformmaschine hängt u. a. von der für den Umformvorgang benötigten größten Stempelkraft F_{Stmax} ab. Diese Höchstkraft, die, wie in Abschnitt 4.1.3.1 gezeigt wurde, jeweils zu Beginn des Umformvorgangs auftritt, ist in den Bildern 14 und 15 für das Voll-Vorwärts-Fließpressen und in den Bildern 16 und 17 für das Napf-Rückwärts-Fließpressen in Abhängigkeit von der Rohteiltemperatur T_R aufgetragen. Parameter ist die rel. Querschnittsänderung ε_A.

Für beide Umformverfahren und bei sämtlichen Werkstoffen fällt die Stempelkraft mit zunehmender Temperatur im Bereich zwischen T_R = 773 K (500 °C) und 1023 K (750 °C) und steigt mit größer werdender rel. Querschnittsänderung. Dabei nimmt die Stempelkraft bei beiden Verfahren umso stärker ab, je größer die rel. Querschnittsänderung ist. Das bedeutet, der Einfluß der rel. Querschnittsänderung wird mit zunehmender Temperatur geringer. Dies ist darauf zurückzuführen, daß die beim Umformen entstehende Verfestigung durch Kristallerholungs- und Rekristallisationsvorgänge in Abhängigkeit von der Temperatur und vom Umformgrad zu einem mehr oder weniger großen Teil wieder abgebaut wird.

Oberhalb 1023 K Rohteiltemperatur lassen sich werkstoffspezifische Unterschiede feststellen. Bei den beiden unlegierten C-Stählen Ck 15 und Cf 53 wird auch bei 1073 K der Verlauf von F_{Stmax} über der Temperatur nicht unterbrochen. Beim Werkstoff 20 MnCr 5 wird die Abnahme der Stempelkraft geringer und bei den Werkstoffen 15 CrNi 6, 42 CrMo 4 und 100 Cr 6 bleibt sie etwa konstant oder steigt in Abhängigkeit von der rel. Querschnittsänderung mehr oder weniger stark wieder an. Diese Unterschiede lassen sich mit dem von der Stahlzusammensetzung abhängigen Verhalten im Bereich der Umwandlungstemperatur erklären, wie es sich bereits bei den Warmfließkurven (Abschnitt 3.3) andeutungsweise zeigte. Vor allem ist hier der Einfluß des C-Gehalts auf die Höhe der Umwandlungstemperatur zu nennen, der bewirkt, daß beim Fließpressen mit 1073 K (800°C) Rohteiltemperatur die α- γ -Phasenumwandlung je nach Werkstoff erst teilweise oder bereits vollständig stattgefunden hat. Der Grund für die Zunahme der Stempelkraft wird auf die höhere Fließspannung und auf die stärkere Verfestigung des γ -Eisens gegenüber dem α-Eisen in diesem Temperaturbereich zurückzuführen sein. Der verstärkte Verfestigungseinfluß äußert sich deutlich bei den Werkstoffen 15 CrNi 6, 42 CrMo 4 und 100 Cr 6, bei denen die Stempelkraft über 1023 K Rohteiltemperatur in Abhängigkeit von der rel. Querschnittsänderung verschieden stark zunimmt.

Der Einfluß der Wärmebehandlung der Rohteile auf den Kraftbedarf beim Halbwarmfließpressen wurde am Beispiel der beiden Werkstoffe 20 MnCr 5 und Cf 53 untersucht. Dabei ergibt sich für das Voll-Vorwärts-Fließpressen mit ungeglühten Rohteilen und einer rel. Querschnittsänderung $\varepsilon_A = 0{,}8$ beim Werkstoff 20 MnCr 5 (Bild 14) eine um etwa 15 % und beim Werkstoff Cf 53 (Bild 15) eine um etwa 10 % höhere Stempelkraft als beim Fließpressen von Rohteilen, die im geglühten Ausgangszustand (siehe Tabelle 1) vorliegen.

4.1.3.3 Größte bezogene Stempelkraft

Die Angabe der größten Stempelkraft F_{Stmax} allein läßt noch keine Rückschlüsse auf die tatsächliche Stempelbelastung beim Voll-Vorwärts- und Napf-Rückwärts-Fließpressen zu. Deshalb wird meist die größte Stempelkraft F_{Stmax} auf den Stempelquerschnitt A_{St} bezogen und man erhält damit die größte bezogene Stempelkraft $\overline{p}_{Stmax}$ zu

$$\overline{p}_{Stmax} = \frac{F_{Stmax}}{A_{St}} \,.$$

Insbesondere beim Napf-Rückwärts-Fließpressen ist die bezogene Stempelkraft ein wichtiger Kennwert, weil hier die Verfahrensgrenze meist durch Versagen des Werkzeugstempels gegeben ist.

Für die untersuchten Werkstoffe sind die bezogenen Stempelkräfte in Abhängigkeit von der Rohteiltemperatur T_R und der rel.

Querschnittsänderung ε_A in den Bildern 18 und 19 (Voll-Vorwärts-Fließpressen) bzw. 20 und 21 (Napf-Rückwärts-Fließpressen) dargestellt. Bedingt durch ihre Definition weist die Abhängigkeit der bez. Stempelkraft von der Temperatur die gleiche Tendenz auf wie die der größten Stempelkraft. Die im vorhergehenden Abschnitt beschriebenen Zusammenhänge haben somit auch hier Gültigkeit. Eine Veränderung erfolgt lediglich in der Lage der Kurven untereinander. So ist der Einfluß der rel. Querschnittsänderung auf die bez. Stempelkraft beim Napf-Rückwärts-Fließpressen gering. Dies entspricht den vom Napf-Rückwärts-Fließpressen bei Raumtemperatur bekannten Gegebenheiten [42, 43].

Für das Napf-Rückwärts-Fließpressen zeigt sich weiter, daß bis 923 K Rohteiltemperatur bei einer rel. Querschnittsänderung $\varepsilon_A = 0,6$ jeweils ein Kleinstwert auftritt und mit kleinerer bzw. größerer rel. Querschnittsänderung die bez. Stempelkräfte wieder ansteigen. Oberhalb dieser Temperatur verschiebt sich dieses Minimum und ab 973 K wird die geringste bez. Stempelkraft werkstoffunabhängig bei $\varepsilon_A = 0,4$ festgestellt.

Vom Kaltfließpressen her ist bekannt, daß bei gleichen rel. Querschnittsänderungen die bez. Stempelkräfte beim Napf-Rückwärts-Fließpressen höher liegen als beim Voll-Vorwärts-Fließpressen. Dies gilt in gleicher Weise auch für das Halbwarmfließpressen. Weiter ist zu beobachten, daß die bez. Stempelkräfte beim Voll-Vorwärts-Fließpressen durch die rel. Querschnittsänderung weit stärker beeinflußt werden als beim Napf-Rückwärts-Fließpressen. Diese Gesetzmäßigkeit ist ebenfalls vom Kaltfließpressen her bekannt.

4.1.3.4 Zusammenhang zwischen Stempelkraft und Fließspannung

Für fast alle Beziehungen zur Ermittlung der Stempelkraft beim Kaltfließpressen wird die Fließspannung des umzuformenden Werkstoffs als wichtigster Kennwert zugrunde gelegt. Zur Überprüfung der Gültigkeit des Zusammenhangs Stempelkraft-Fließspannung auch für das Halbwarmfließpressen ist im Bild 22 der Verlauf der Stempelkraft und der Verlauf der Fließspannung für den Werkstoff 20MnCr5 - jeweils bezogen auf den bei Raumtemperatur ermittelten Wert - in Abhängigkeit von der Temperatur dargestellt.Dabei zeigt sich,daß die Veränderung der Stempelkraft mit der der Fließspannung recht gut übereinstimmt. Insgesamt gesehen nimmt die Stempelkraft mit der Temperatur etwas weniger stark ab als die Fließspannung, so daß sich, vor allem im Bereich oberhalb etwa 1023 K (750 °C), zahlenmäßig geringe Unterschiede ergeben. Diese Unterschiede dürften darauf zurückzuführen sein, daß sich die Reibverhältnisse mit zunehmender Temperatur ändern. Im Bereich oberhalb 750 °C wird dann, bedingt durch die einsetzende Zunderbildung und die verstärkte Abnahme der Schichtdicke des Schmierstoffs während der Erwärmung der Rohteile im Ofen, der Anteil der Reibkraft und damit die notwendige Stempelkraft insgesamt erhöht.

Die meisten in die Untersuchung einbezogenen Werkstoffe können mit den genannten rel. Querschnittsänderungen nicht bei Raumtemperatur fließgepreßt werden. Weil deshalb Angaben über die beim Kaltfließpressen notwendigen Stempelkräfte fehlen, wurden in Bild 23 die bei den jeweiligen Temperaturen ermittelten größten Stempelkräfte F_{StmaxT} auf die entsprechende, für das Fließpressen bei 773 K (500 °C) notwendige Kraft $F_{Stmax773K}$ bezogen. Der eingezeichnete Streubereich gibt dabei die Ergebnisse für das Voll-Vorwärts-Fließpressen ($0{,}6 \leq \varepsilon_A \leq 0{,}85$) und für das Napf-Rückwärts-Fließpressen ($0{,}4 \leq \varepsilon_A \leq 0{,}72$) mit allen sechs Werkstoffen wieder. Die Werte der Fließspannung k_{fT}, bezogen auf den vergleichbaren Wert k_{f773K} bei 773 K, sind ebenfalls für sämtliche sechs Werkstoffe mit eingezeichnet. Auch hier zeigt sich nochmals, daß die Stempelkraft mit der Temperatur etwas weniger stark abnimmt als die Fließspannung. Mit Ausnahme des Bereiches oberhalb 1023 K (750 °C), in dem sich das unterschiedliche Umwandlungsverhalten der einzelnen Werkstoffe durch eine breitere Streuung bemerkbar macht, liegen die Werte sowohl für die Kraft als auch für die Fließspannung in verhältnismäßig engen Streubändern zusammen.

4.1.3.5 Nomogramme zur Ermittlung der Stempelkraft

Die eindeutigen Abhängigkeiten zwischen Temperatur, Fließspannung des Werkstoffs, Umformgrad und Kraftbedarf erlaubten es, die experimentell ermittelten Ergebnisse in Form von Nomogrammen (Bild 24 für das Voll-Vorwärts-Fließpressen, Bild 25 für das Napf-Rückwärts-Fließpressen) darzustellen.

Über den Zusammenhang Temperatur und Fließspannung des entsprechenden Werkstoffs (Bereich links oben) wird im rechten oberen Teil des jeweiligen Nomogramms die größte Stempelkraft F_{Stmax} in Abhängigkeit von der rel. Querschnittsänderung ε_A (bzw. Umformgrad φ) bestimmt. Mit der größten Stempelkraft kann dann im rechten unteren Teil des Nomogramms die größte bez. Stempelkraft $\overline{p}_{Stmax}$ ermittelt werden.

4.2 Rechnerische Ermittlung des Kraftbedarfs

In den vorhergehenden Abschnitten wurde gezeigt, daß Fließspannung und Stempelkraft in Abhängigkeit von der Temperatur sowohl qualitativ als auch quantitativ denselben Veränderungen unterliegen und der Zusammenhang Stempelkraft und Fließspannung auch beim Halbwarmfließpressen Gültigkeit hat. Dies berechtigt zu der Annahme, daß die beim Kaltfließpressen gültigen Beziehungen, die auf der Fließspannung zur Berechnung der Stempelkraft basieren, auch für das Halbwarmfließpressen unter Verwendung der für die jeweilige Rohteiltemperatur zutreffenden Fließspannung herangezogen werden können.

Im folgenden werden einige Möglichkeiten zur Berechnung der Stempelkraft für das Voll-Vorwärts- bzw. Napf-Rückwärts-Fließpressen bei erhöhten Temperaturen vorgestellt und die Ergebnisse mit Versuchswerten verglichen. Dabei enthalten alle Beziehungen die mittlere Fließspannung k_{fm} als maßgebliche Größe zur Berechnung der Stempelkraft. Nach VDI Richtlinie 3200 Bl. 1 ist für das Kaltfließpressen mit sich verfestigenden Werkstoffen der Integralwert

$$k_{fm} = \frac{1}{\varphi} \int_{0}^{\varphi} k_f \, d\varphi$$

einzusetzen.

Wie in Abschnitt 3.3 gezeigt wurde, weisen die Fließkurven im Temperaturbereich der Halbwarmumformung meist einen degressiven Kurvenverlauf auf, bei dem die Fließspannung nach Erreichen eines Höchstwertes k_{fmax} mit zunehmendem Umformgrad wieder abfällt. Die Fließkurven sind bei einem derartigen Verlauf i. a. nicht als einfache mathematische Funktion darstellbar. Die Ermittlung des Integralwertes für die mittlere Fließspannung kann somit nur über Näherungsmethoden (graphische Integration, Ausplanimetrieren) erfolgen, die für die praktische Anwendung ungeeignet sind. Als brauchbarer Mittelwert für k_{fm}, dessen Gültigkeit sich auf den Temperaturbereich der Halbwarmumformung beschränkt, in dem die Fließkurven den beschriebenen Verlauf nehmen, hat sich der Mittelwert

$$k_{fm} = \frac{k_{fo} + k_{fmax}}{2}$$

erwiesen, der dem näherungsweise ermittelten Integralwert am nächsten kommt. Dieser Näherungswert wird in den folgenden Beziehungen zur Ermittlung des Kraftbedarfs verwendet.

4.2.1 Voll-Vorwärts-Fließpressen

Berechnung mit Hilfe des Umformwirkungsgrades

Das Voll-Vorwärts-Fließpressen ist ein quasistationärer Umformvorgang, bei dem die ideelle Umformkraft nach der Beziehung

$$F_{id} = A_o \cdot k_{fm} \cdot \varphi \tag{4,1}$$

berechnet werden kann.

Nach [44, 45] läßt sich daraus die größte Stempelkraft F_{Stmax} nach der Beziehung

$$F_{Stmax} = \frac{F_{id}}{\eta_F \cdot m} \tag{4,2}$$

bestimmen. Dabei berücksichtigt der Umformwirkungsgrad η_F die Schiebungs- und Reibungsverluste beim Umformen und der Kraftverlauf-Korrekturbeiwert m die zu Beginn des Umformvorgangs auftretende Kraftspitze.

Unabhängig vom Werkstoff nimmt das Produkt $\eta_F \cdot m$ mit zunehmender Temperatur leicht ab, ein weiterer Hinweis für den bei höheren Temperaturen höheren Anteil der Reibkräfte, während mit wachsendem Umformgrad, ähnlich wie beim Kaltfließpressen [44], eine Zunahme zu beobachten ist (Bild 26).

Beim Voll-Vorwärts-Fließpressen bei Raumtemperatur wurde für $\varepsilon_A = 0{,}6$ der Wert $\eta_F \cdot m = 0{,}55$ und für $\varepsilon_A = 0{,}7$ der Wert $\eta_F \cdot m = 0{,}63$ ermittelt. Für beide rel. Querschnittsänderungen liegen die Werte von $\eta_F \cdot m$ somit etwas höher als die Mittelwerte beim Fließpressen mit 773 K (500 °C) Rohteiltemperatur.

Berechnung mit Hilfe der elementaren Plastizitätstheorie

Mit Hilfe der elementaren Plastizitätstheorie (SIEBEL [46] u. a.) läßt sich für das Voll-Vorwärts-Fließpressen eine Gesamtkraft F_{ges} berechnen, die sich aus der Summe der Anteile ideelle Umformkraft F_{id}, Reibkraft an der Schulter F_{RS} und im Aufnehmer (Preßbüchse) F_{RW} und der Schiebungskräfte F_{Sch} zusammensetzt:

$$F_{ges} = F_{id} + F_{RS} + F_{RW} + F_{Sch}. \qquad (4,3)$$

Eine ausführliche Herleitung der in Gleichung (4,3) aufgeführten Summanden erfolgt in [41].

Die nach Gleichung (4,3) ermittelte Kraft ist die Gesamtkraft für den quasistationären Teil des Fließpreßvorgangs. Die notwendige Größtkraft F_{Stmax}, die im instationären Bereich des Umformvorganges auftritt, muß daraus in der Regel mit Korrekturbeiwerten bestimmt werden. Wie Bild 27 am Beispiel der beiden Werkstoffe 20 MnCr 5 und 42 CrMo 4 zeigt, ist die Übereinstimmung zwischen der nach der elementaren Plastizitätstheorie errechneten Gesamtkraft (nach [41]) und den gemessenen Versuchswerten (F_{Stmax}) insgesamt jedoch recht gut, so daß mit Hilfe von Gleichung (4,3) die erforderliche Stempelkraft mit ausreichender Genauigkeit vorausbestimmt werden kann. Diese Übereinstimmung gilt auch für die restlichen Werkstoffe.

Berechnung mit Näherungsgleichungen

Mit einer von SIEBER vorgeschlagenen Beziehung, die in [41] erwähnt wird, läßt sich die bezogene Stempelkraft nach folgender Formel berechnen:

$$\overline{p}_{Stmax} = \sigma_{zm} + (\sigma_{zm} - k_{fo})\; 4\, \mu \sqrt{l/d_o} \qquad (4,4)$$

mit

$$\sigma_{zm} = k_{fm}\; (\varphi + \frac{2\,\hat{\alpha}}{3})\; (1 + \frac{\mu}{\hat{\alpha}}).$$

Abweichend zu den in Gleichung (4,3) getroffenen Annahmen wird hier davon ausgegangen, daß der radiale Innendruck um die Anfangsfließspannung k_{fo} kleiner ist als der vom Stempel auf das Werkstück ausgeübte Druck.

Ein Vergleich der nach Gleichung (4,4) berechneten Stempelkräfte mit den Meßwerten zeigt für kleinere rel. Querschnittsänderungen eine gute Übereinstimmung. Bei größeren rel. Querschnittsänderungen dagegen liegen die berechneten Kräfte - selbst bei der Annahme eines kleinen Reibwertes $\mu = 0{,}05$ - über den Versuchswerten (Bild 28).

Das Ergebnis bei der Berechnung der Stempelkraft nach Gleichung (4,4) läßt sich über die Wahl des Reibwertes μ sehr stark beeinflussen. Bei einer falschen Annahme des Reibwertes können sich deswegen große Unterschiede zur tatsächlich auftretenden Kraft ergeben.

Nach einer einfachen Beziehung, die in [47] angegeben wird, berechnet sich die Stempelkraft beim Voll-Vorwärts-Fließpressen zu:

$$F_{St} = A_o \cdot k_{fm} \cdot (\varphi + \frac{4}{3 \cdot \sqrt{3}}\, \hat{\alpha})\; (1 + \frac{\mu}{\sin\alpha\, \cos\alpha}) \qquad (4,5).$$

Die größten Abweichungen zwischen den berechneten und gemessenen Kräften ergeben sich auch hier wieder bei den großen rel. Querschnittsänderungen (Bild 29).

Berechnung nach dem Schrankenverfahren

Mit den von der v. Misesschen Plastizitätstheorie abgeleiteten Extremalprinzipien lassen sich Näherungsverfahren zur Berechnung der für einen Umformvorgang notwendigen Kräfte ableiten, die unter dem Begriff "Schrankenverfahren" bekannt sind. Dem Verfahren der oberen Schranke liegt dabei das Extremalprinzip zugrunde, nach dem unter allen kinematisch zulässigen Geschwindigkeitsfeldern das wirkliche Geschwindigkeitsfeld den kleinsten Wert für die über die Umformzone summierte innere Leistung (und der daraus zu errechnenden Kraft) liefert [48].

In [49] wird ein solcher Geschwindigkeitsansatz für das Voll-Vorwärts-Fließpressen vorgestellt. Die Umformzone erstreckt sich bei diesem Ansatz auf einen durch Kugelabschnitte begrenzten Bereich. Auf die Herleitung der Gesamtkraft, die sich aus den Anteilen Umformkraft, Scherkräfte und Reibkräfte zusammensetzt, soll hier verzichtet werden.

Bild 30 zeigt die nach diesem Lösungsansatz ermittelten Kräfte im Vergleich zu den gemessenen Versuchswerten für die beiden Werkstoffe 20 MnCr 5 und 42 CrMo 4. Die beste Übereinstimmung wird unter der Annahme erzielt, daß sich der Reibwert μ im untersuchten Temperaturbereich von μ = 0,05 bei 773 K (500 °C) auf μ = 0,1 bei 1073 K (800 °C) erhöht.

Die größten Abweichungen zwischen gemessener und errechneter Stempelkraft sind bei den Werkstoffen Cf 53, 42 CrMo 4 und 100 Cr 6 beim Fließpressen mit der Rohteiltemperatur T_R = 873 K und einer rel. Querschnittsänderung ε_A = 0,85 festzustellen. Der größte Fehler - ermittelt beim Werkstoff 42 CrMo 4 - liegt jedoch unter + 15 %.

4.2.2 Napf-Rückwärts-Fließpressen

Berechnung nach der elementaren Plastizitätstheorie

Der von DIPPER [50] aufgestellte Ansatz zur Berechnung der Stempelkraft für das Napf-Rückwärts-Fließpressen nach der elementaren Plastizitätstheorie geht von der Vorstellung eines doppelten Stauchvorgangs aus. Danach wird das Werkstück axial zwischen Stempel und Preßbüchsenboden und radial in der Ringzone zwischen dem Werkstückteil unter dem Stempel und der Preßbüchsenwand gestaucht. Dieser Ansatz wurde unter der Annahme einer geringen Bodendicke - die so klein sein muß, daß das gesamte Volumen unterhalb des Stempels an der Umformung beteiligt ist - aufgestellt.

Mit den hier verwendeten Rohteilabmessungen (h_o = 31,25 mm und h_o/d_o = 1,25) ist diese Voraussetzung nicht mehr gegeben. Die Ergebnisse nach der elementaren Plastizitätstheorie weichen dementsprechend zum Teil erheblich von den gemessenen Werten ab.

Berechnung mit Näherungsgleichungen

In [51] wird eine Anzahl von Beziehungen zur Berechnung der Stempelkraft beim Napf-Rückwärts-Fließpressen angegeben. Mehrere dieser Beziehungen enthalten die Ausgangshärte des Werkstoffs als Haupteinflußgröße und scheiden somit für eine Anwendung beim Halbwarmfließpressen aus.

Bei weiteren Näherungslösungen wird, ähnlich wie beim Voll-Vorwärts-Fließpressen, die notwendige Stempelkraft mit Hilfe des Umformwirkungsgrades, der wiederum experimentell bestimmt werden muß, berechnet. Nach einer solchen, von SIEBEL /FANGMEIER vorgeschlagenen Beziehung berechnet sich die Stempelkraft zu:

$$F_{Stmax} = \frac{k_{fm}}{\eta_F} A_o \left(\ln \frac{d_o d_1}{d_o^2 - d_1^2} + \frac{d_o^2}{d_o^2 - d_1^2} \ln \frac{d_o}{d_1}\right) \qquad (4,6).$$

Der Umformwirkungsgrad η_F, der sich unter den gegebenen Versuchsbedingungen in Abhängigkeit von der Temperatur und der rel. Querschnittsänderung nur unwesentlich ändert, wurde zu η_F = 0,6 bestimmt.

Bild 31 zeigt, daß die größte Abweichung zwischen gemessener und nach Gleichung (4,6) mit η_F = 0,6 errechneter Stempelkraft bei etwa 12 % liegt (Werkstoff: 42 CrMo 4, T_R = 773 K und ε_A = 0,72).

Berechnung nach dem Schrankenverfahren

Bei dem Lösungsansatz von STECK [52] zur Berechnung der Stempelkraft nach dem Verfahren der oberen Schranke wird das Napf-Rückwärts-Fließpressen als doppelter Stauchvorgang aufgefaßt (Bild 32 a). Danach erstreckt sich die Umformzone über den Bereich I zwischen Stempel und Preßbüchsenboden und über die Ringzone II zwischen Bereich I und Preßbüchsenwand. Der Werkstoff oberhalb der Linie a - a verhalte sich starr. Bei diesem Ansatz wird davon ausgegangen, daß - ähnlich wie beim Lösungsansatz nach der elementaren Plastizitätstheorie - das gesamte Werkstoffvolumen zwischen Stempel und Preßbüchsenboden an der Umformung beteiligt ist und am Preßbüchsenboden an den Flächen A_{R3} und A_{R4} Reibleistung aufzubringen ist.

Nach Untersuchungen von [42] und [53], die auch von [17] für das Warmfließpressen bestätigt werden, ist die Höhe der Umformzone jedoch auf einen Bereich 0,3 d_o bis 0,5 d_o (steigend mit fallender rel. Querschnittsänderung ε_A) unterhalb des Stempels begrenzt.

Die Begrenzung der Umformzone findet in dem in Bild 32 b gezeigten Stoffflußmodell Berücksichtigung. Oberhalb der Linie a - a und unterhalb der Linie b - b wird starres Werkstoffverhalten angenommen. An die Stelle der beiden Reibleistungen an den Flächen A_{R3} und A_{R4} (Bild 32 a) treten hier die Anteile der Scherleistung an den Unstetigkeitsflächen A_{S3} und A_{S4} (Bild 32 b).

Die gesamte, für den Umformvorgang notwendige Leistung setzt sich damit zusammen aus: P_{UI} und P_{UII} für die Umformleistung in den beiden Zonen I und II, den Reibleistungen P_{R1} an der Stempelstirnfläche und P_{R2} an der Preßbüchsenwand, sowie den Scherleistungen P_{S1} entlang der Fläche A_{S1}, die Bereich I von Bereich II trennt, P_{S2} entlang der Ringfläche A_{S2}, die das Gebiet II von dem als starr angenommenen Werkstoff oberhalb a - a trennt, P_{S3} und P_{S4} entlang den Flächen A_{S3} bzw. A_{S4}, die das Gebiet I bzw. II von dem als starr angenommenen Werkstoff unterhalb b - b trennen.

Bei der Anwendung des in [52] angenommenen Geschwindigkeitsfeldes mit den Geschwindigkeitsanteilen:

$$v_{zI} = - \frac{v_{Wz}}{h} \cdot z \qquad (4,7\ a)$$

$$v_{rI} = \frac{1}{2} \frac{v_{Wz}}{h} \cdot r \qquad (4,7\ b)$$

und

$$v_{zII} = C_1 \cdot z \qquad (4,7\ c)$$

$$v_{rII} = - \frac{C_1 \cdot r}{2} + \frac{C_2}{r} \qquad (4,7\ d)$$

läßt sich die Stempelkraft mit guter Genauigkeit bestimmen. Die Schrankenlösung kann dabei über die frei wählbare Höhe der Umformzone optimiert werden. Die größten Abweichungen zwischen errechneter und gemessener Stempelkraft liegen bei einem angenommenen Reibwert $\mu = 0,1$ unter + 10 % (Bild 33).

5 Stofffluß- und Gefügeuntersuchungen

5.1 Stoffflußuntersuchungen

Eine gebräuchliche Methode zur Veranschaulichung des Werkstoffflusses sind visioplastische Untersuchungen, bei denen meridional geteilte und in den Schnittflächen mit einem Netz eingeritzter Linien versehene Proben umgeformt werden. Aus dem durch die Umformung verzerrten Liniennetz läßt sich das Geschwindigkeitsfeld ermitteln, das wiederum die Grundlage zur Berechnung der örtlichen Vergleichsformänderungsgeschwindigkeiten $\dot{\varepsilon}_V$ und Vergleichsformänderungen ε_V bildet.

5.1.1 Versuchsbedingungen

Für die Versuche wurden Proben aus Werkstoff 20 MnCr 5 parallel zur Längsachse bis zur Mitte abgefräst und geschliffen. Bei jeweils einer Rohteilhälfte wurde dann in der die Längsachse enthaltenden Teilebene ein rechtwinkliges, quadratisches Liniennetz eingeritzt. Die Maschenweite betrug in Längsrichtung (z-Achse) und senkrecht dazu (r-Achse) je 1 mm.

Die Proben wurden durch Voll-Vorwärts-Fließpressen mit einer rel. Querschnittsänderung $\varepsilon_A = 0{,}6$ umgeformt. Die Rohteiltemperaturen waren: 293 K (20 °C), 773 K (500 °C), 873 K (600 °C), 973 K (700 °C), 1023 K (750 °C) und 1073 K (800 °C). Die Versuchsdurchführung und insbesondere die Schmierung und Erwärmung der Proben entsprach den in Abschnitt 4.1 aufgeführten Randbedingungen.

Die verzerrten Netzlinien wurden auf einem Universalmeßmikroskop mit Digitalanzeige ausgemessen.

5.1.2 Ergebnisse

5.1.2.1 Werkstofffluß und Geschwindigkeitsfeld

Bild 34 und 35 (Umformzone in vergrößerter Darstellung) zeigen den Werkstofffluß beim Voll-Vorwärts-Fließpressen mit verschiedenen Rohteiltemperaturen.

Im Schaftbereich läßt sich der instationäre Bereich (am freien Schaftende) vom quasistationären Teil wegen der unterschiedlichen Verzerrung der Netzlinien leicht unterscheiden.

Durch die Umformung, die in Probenmitte (entlang der Probenlängsachse) homogen und in den anderen Bereichen infolge der Umlenkung und Reibung am Rand inhomogen erfolgt, werden die Netzlinien in der bekannten Parabelform verzerrt, die anzeigt, daß der Werkstoff in Probenmitte gegenüber den äußeren Bereichen voreilt.

Über den Verlauf der Netzlinien in Abhängigkeit von der Temperatur läßt sich bei visueller Betrachtung der Proben folgendes feststellen: Im Randbereich des Schaftes, in dem ein Reibungseinfluß auf die Verzerrung der Netzlinien am ehesten gegeben ist, sind nur geringe Unterschiede erkennbar. Daraus kann geschlossen werden, daß sich die Reibbedingungen in Abhängigkeit von der Temperatur nur wenig ändern und beim Halbwarmfließpressen damit mit Reibwerten zu rechnen ist, die sich nur gering von denen beim Kaltfließpressen unterscheiden. Zu ähnlichen Ergebnissen und Aussagen gelangen auch [4, 31 bis 33] und bestätigen somit die bei der Kraftberechnung (Abschnitt 4.2) getroffenen Annahmen.

Die Bewegung der Werkstoffteilchen läßt sich auch durch das Geschwindigkeitsfeld darstellen, das die augenblickliche Geschwindigkeit nach Richtung und Betrag angibt.

Bild 36 zeigt die Geschwindigkeitsfelder beim Kaltfließpressen und beim Fließpressen mit 973 K (700 °C) Rohteiltemperatur, ermittelt aus den verzerrten Liniennetzen.

5.1.2.2 Verteilung der örtlichen Formänderungsgeschwindigkeiten und Formänderungen

Auf der Grundlage des in [54] beschriebenen Differenzenverfahrens wurde ein Rechenprogramm entwickelt, das aus den gemessenen Netzpunktverschiebungen die Berechnung der Vergleichsformänderungsgeschwindigkeiten $\dot{\varepsilon}_V$ und daraus der örtlichen Vergleichsformänderungen ε_V ermöglicht. Die Darstellung von $\dot{\varepsilon}_V$ und ε_V sollte dabei insbesondere über Unterschiede zwischen dem Stoffflußverhalten bei der Kaltumformung und bei der Halbwarmumformung Auskunft geben.

Bild 37 zeigt die Verteilung der Vergleichsformänderungsgeschwindigkeiten $\dot{\varepsilon}_V$ - die Werte sind auf v_{St} = 1 mm/s normiert - im Bereich der Umformzone beim Kaltfließpressen und beim Fließpressen mit erhöhten Temperaturen. Die Umlenkung am Schulterende ist mit großen Geschwindigkeitsänderungen verbunden und hat zur Folge, daß hier die größten Formänderungsgeschwindigkeiten auftreten.

Der Wert von $\dot{\varepsilon}_V$ in diesem Bereich ist geringfügig von der Temperatur abhängig: Beim Kaltfließpressen und beim Fließpressen mit 773 K (500 °C) und 1073 K (800 °C) Rohteiltemperatur werden etwas größere Werte erreicht als beim Fließpressen im Bereich zwischen 873 K (600 °C) und 1023 K (750 °C), der vorwiegend für die Halbwarmumformung in Betracht kommt.

Die kleineren Werte von $\dot{\varepsilon}_V$ beim Fließpressen zwischen 873 K und 1023 K deuten einerseits auf eine homogenere Umformung hin, da sich jedoch beim Verlauf der Linien gleicher Formänderungsgeschwindigkeit im übrigen Bereich der Umformzone kein Einfluß der Temperatur nachweisen läßt, kann andererseits insgesamt davon ausgegangen werden, daß der Stofffluß nur unwesentlich von der Temperatur beeinflußt wird und das Stoffflußverhalten beim Kaltfließpressen auf das Halbwarmfließpressen übertragen werden kann.

Das wird auch durch die Verteilung der Vergleichsformänderungen ε_V bestätigt, die in Bild 38 gezeigt sind.

5.2 Gefügeuntersuchungen

Sämtliche in die Untersuchung einbezogenen Werkstoffe wurden vor dem Umformen einer Wärmebehandlung unterworfen, die das Einformen des lamellaren Perlits zu körnigem Zementit und damit eine gleichartige Gefügeausbildung im Ausgangszustand zum Ziel hatte. Die Wärmebehandlungsvorschriften sind Tabelle 1 zu entnehmen.

Für Stichversuche, die vor allem dazu dienten, den Einfluß des Gefügezustandes auf die mechanischen Eigenschaften nach dem Umformen beurteilen zu können, wurde ein Teil der Proben im Anlieferungszustand belassen. Dieser Zustand wird im folgenden als "ungeglüht" bezeichnet.

5.2.1 Versuchsbedingungen

Die Proben für die Gefügeuntersuchungen nach dem Voll-Vorwärts-Fließpressen wurden dem quasistationären Schaftbereich der Werkstücke entnommen, mit Si-Korundpapier naß geschliffen und mit verschiedenen Diamantpasten poliert. Der gesäuberte Schliff wurde dann mit 1%iger alkoholischer Salpetersäure geätzt.

Die Gefügeaufnahmen, aufgenommen mit einem Lichtmikroskop bei 550facher Vergrößerung, entstanden etwa in der Mitte zwischen Probenlängsachse und Probenoberfläche.

5.2.2 Gefüge der Werkstoffe im Ausgangszustand

Die Bilder 39 und 40 geben die mikroskopischen Gefügeaufnahmen der Versuchswerkstoffe im geglühten Ausgangszustand wieder.

Das Gefüge der Werkstoffe Ck 15, 20 MnCr 5, 15 CrNi 6, Cf 53 und 42 CrMo 4 besteht aus Ferrit und Perlit. Der Zementit im Perlit ist überwiegend noch lamellar ausgebildet. Die kugelige Einformung des Zementits ist je nach Werkstoff verschieden stark fortgeschritten.

Beim Werkstoff 100 Cr 6 (Bild 40) besteht das Ausgangsgefüge aus Ferrit und Zementit. Der Zementit ist kugelig eingeformt und in der ferritischen Grundmasse gleichmäßig verteilt (Zustand GKZ).

Bild 41 zeigt die Gefügeausbildung der beiden Werkstoffe

20 MnCr 5 und Cf 53 im ungeglühten Anlieferungszustand. Bei dem sehr dichtstreifig vorliegenden Perlit ist der lamellare Aufbau aus Zementit und Ferrit nur vereinzelt zu erkennen.

5.2.3 Veränderung des Gefüges beim Voll-Vorwärts-Fließpressen

Die Bilder 42 bis 44 zeigen die aus dem Schaftbereich stammenden Gefügeaufnahmen nach dem Fließpressen mit geglühtem Werkstoff, Bild 45 zeigt die Gefügeausbildung nach dem Fließpressen mit ungeglühtem Werkstoff. Als Parameter dient die Rohteiltemperatur T_R und die rel. Querschnittsänderung ε_A.

Werkstoff 20 MnCr 5 (Bild 42)
Bei der Gefügeausbildung nach dem Fließpressen mit $\varepsilon_A = 0{,}6$ bei Raumtemperatur, bei 773 K (500 °C) und 873 K (600 °C) zeigen sich keine erkenntlichen Unterschiede. Die Streckung der Perlitkörner ist verbunden mit einer Zertrümmerung der spröden Zementitlamellen im Perlit. Einzelne kleine Zementitkörner sind in Zeilenform an den gestreckten, zähen Ferritkristallen angeordnet. Manche Perlitkörner sind nur wenig verformt.

Nach dem Fließpressen mit T_R = 973 K (700 °C) und $\varepsilon_A = 0{,}6$ lassen sich erste Rekristallisationskörner erkennen.

Durch das Fließpressen mit $\varepsilon_A = 0{,}8$ ist die Zertrümmerung der jetzt ausnahmslos stark gestreckten Perlitkörner wesentlich weiter fortgeschritten. Der Zementit ist größtenteils zeilenförmig angeordnet. Rekristallisationskörner sind bereits nach dem Fließpressen mit T_R = 873 K (600 °C) sichtbar.

Nach dem Fließpressen mit T_R = 1073 K (800 °C) liegt der Perlit bei beiden rel. Querschnittsänderungen $\varepsilon_A = 0{,}6$ und $\varepsilon_A = 0{,}8$ fast ausschließlich in feinstreifigem Zustand vor. Die Zeilenstruktur ist trotz der Neuordnung des Gefüges (die Erwärmung erfolgte über die Umwandlungstemperatur hinaus) noch gut erkennbar.

Werkstoff Cf 53 (Bild 43)

Beim Werkstoff Cf 53 lassen sich ähnliche Auswirkungen auf die Veränderung des Gefüges durch das Fließpressen feststellen wie beim Werkstoff 20 MnCr 5.

Bei der Umformung mit der größeren rel. Querschnittsänderung ε_A = 0,8 sind die Perlitkörner stärker aufgebrochen als beim Fließpressen mit ε_A = 0,6. Kugeliger und lamellarer Zementit sind zeilenförmig angeordnet. Die Zertrümmerung der Perlitkörner und der Übergang des Zementits von seiner lamellaren in die globulare Form scheint sich mit zunehmender Temperatur zu verstärken.

Erste Anzeichen einer Rekristallisation sind beim Fließpressen mit ε_A = 0,8 bereits bei 773 K (500 °C), beim Fließpressen mit ε_A = 0,6 erst bei höheren Temperaturen festzustellen.

Nach dem Fließpressen mit 1073 K (800 °C) tritt der Perlit größtenteils in feinstlamellarer Form auf (dunkle Gefügebestandteile). Eine zeilige Struktur ist nur noch schwach zu erkennen.

Werkstoff 15 CrNi 6 und 42 CrMo 4 (Bild 44)

Bei beiden Werkstoffen liegt der Zementit nach dem Fließpressen mit Temperaturen unterhalb der Umwandlungstemperatur fast ausschließlich kugelig in zeilenförmiger Anordnung vor.

Der Neubau des Kristallgitters durch Rekristallisation setzt entlang den zeilenförmig angeordneten Zementitkörnern ein. Die zahlreichen Zementitkörner verhindern das Entstehen von grobkörnigem Ferrit.

Werkstoff 20 MnCr 5 und Cf 53, Ausgangszustand ungeglüht (Bild 45)

Der feinstreifige Perlit, im Ausgangszustand als dunkle Inseln erkennbar, wird durch die Umformung sehr stark zeilig gestreckt. Das Gefüge erhält dadurch eine faserige Struktur. Mit ansteigender Temperatur werden die Perlitinseln aufgelockert und lassen ihre lamellare Struktur erkennen.

Die ferritische Matrix zeigt bei beiden Werkstoffen bei 773 K

(500 °C) beginnende und mit zunehmender Temperatur deutlicher werdende Rekristallisationserscheinungen.

Die neugebildeten Ferrit- und Perlitkörner nach dem Fließpressen mit 1073 K (800 °C) sind bei Verwendung von ungeglühten Rohteilen kleiner als nach dem Fließpressen mit geglühtem Ausgangswerkstoff.

6.0 Mechanische Eigenschaften der umgeformten Werkstücke

6.1 Kennwerte im Ausgangszustand

In Tabelle 2 a sind die mechanischen Eigenschaften der Versuchswerkstoffe im geglühten Ausgangszustand (Wärmebehandlung nach Tabelle 1, Gefügeaufnahmen: Bild 39 und 40) angegeben.

Für Stichversuche wurden eine Anzahl Proben der Werkstoffe 20 MnCr 5 und Cf 53 im Anlieferungszustand belassen. Die mechanischen Eigenschaften für diesen, als "ungeglüht" bezeichneten Ausgangszustand sind in Tabelle 2 b zusammengestellt, die Gefügeaufnahmen zeigt Bild 41.

6.2 Härteverteilung nach dem Voll-Vorwärts-Fließpressen

6.2.1 Versuchsbedingungen

Die Härteuntersuchung erfolgte an Werkstücken, die durch Voll-Vorwärts-Fließpressen mit den rel. Querschnittsänderungen $\varepsilon_A = 0{,}6$ und $\varepsilon_A = 0{,}8$ hergestellt wurden. Die untersuchten Werkstoffe waren 20 MnCr 5, Cf 53 und 42 CrMo 4. Die Härteprüfung nach Vickers wurde nach DIN 50133 mit einer Prüflast von 100 N (HV 10) auf einem Kleinlast-Härteprüfgerät (Fabrikat Zwick, Typ Z 323) durchgeführt. Dazu wurden die Fließpreßteile in Längsrichtung bis zur Mitte schrittweise abgefräst, geschliffen und poliert. Von der anderen Seite erhielten die Proben eine zur Prüffläche parallele Auflagefläche. Die Restdicke der so entstandenen Flachproben war mit 4 mm wesentlich größer als die geforderte Mindestdicke. Der Abstand der Meßpunkte entlang der Längsachse des Fließpreßteils im Schaftbereich war 5 mm, im Schulter-und Kopfbereich sowie senkrecht zur Längsachse je 2 mm.

6.2.2 Ergebnisse

Einer der Vorteile der Kaltumformung von Stahl ist die Zunahme der Festigkeit und der Härte infolge der Verfestigung durch die Umformung. Zwischen der vorausgegangenen Umformung und der

Härte besteht, wie am Beispiel des Voll-Vorwärts-Fließpressens nachgewiesen wurde [54], ein eindeutiger Zusammenhang. Entscheidend für die Höhe der Härte nach der Halbwarmumformung ist, inwieweit die durch das Umformen entstehende Verfestigung durch Kristallerholungs- und Rekristallisationsvorgänge, die während der Umformung und bei der Abkühlung des Werkstücks ablaufen, wieder abgebaut werden kann. Außer von der Umformtemperatur sind diese Vorgänge noch vom Umformgrad und nicht zuletzt vom Werkstoff selbst abhängig. Ein Zusammenhang zwischen örtlicher Formänderung und Härte wie beim Kaltfließpressen kann somit für das Halbwarmfließpressen nicht angegeben werden [4].

Wie die Bilder 46 bis 50 zeigen, läßt sich die Härte nach dem Halbwarmfließpressen über die Temperatur in einem weiten Bereich beeinflussen. Sie liegt dabei im gesamten Temperaturbereich über der des Ausgangszustandes. Entlang der Mittelachse der halbwarmfließgepreßten Teile ergibt sich folgende Härteverteilung, die sich in Abhängigkeit vom Umformgrad und vom Werkstoff nur wenig unterscheidet: Im Kopfbereich kurz vor der Schulter - dieser Bereich ist bereits der Umformzone zuzurechnen - und dann vor allem im Bereich der Schulter tritt die wesentlichste Steigerung der Härte auf. Im weiteren Verlauf fällt die Härte dann teilweise etwas ab und steigt erst zum freien Schaftende hin, das zu Beginn des Umformvorgangs ausgepreßt wird (instationärer Bereich), wieder an.

Auffallend ist der verhältnismäßig geringe Härteunterschied zwischen dem kaltfließgepreßten Werkstück und dem mit einer Rohteiltemperatur von 773 K (500 °C) fließgepreßten Teil (Werkstoff 20 MnCr 5, Bild 46). Bei diesem Beispiel beträgt die Steigerung der Härte durch das Fließpressen (gemessen in Schaftmitte) gegenüber dem Ausgangszustand: beim kaltfließgepreßten Werkstück ungefähr das 1,75fache, nach dem Fließpressen mit 773 K Rohteiltemperatur das 1,6fache und bei dem mit 1073 K fliegepreßten Teil noch ungefähr das 1,2fache.

Beim Kaltfließpressen steigt die Härte in Schaftmitte mit dem Umformgrad i. a. an [55, 56]. Für das Halbwarmfließpressen ist diese Abhängigkeit nicht gegeben, wie Bild 49 zu entnehmen ist.

Danach wird nach dem Halbwarmfließpressen mit der rel. Querschnittsänderung ε_A = 0,6 eine größere Härte erzielt als nach dem Fließpressen mit ε_A = 0,8. Das kann darauf zurückzuführen sein, daß beim Fließpressen mit der höheren rel. Querschnittsänderung auch die Temperaturzunahme während der Umformung größer ist, wodurch die Erholungs- und Rekristallisationsvorgänge an Einfluß gewinnen und die zu erwartende größere Verfestigung beim Fließpressen mit ε_A = 0,8 mehr als ausgeglichen wird. Insgesamt gesehen kann der Einfluß der rel. Querschnittsänderung auf die Härte im Vergleich zum Einfluß der Temperatur als gering bezeichnet werden.

Die geringste Härte ergibt sich jeweils entlang der Mittelachse des Preßteils, wo die geringste Umformung, die geringste Abkühlung beim Transport vom Ofen ins Werkzeug und eine verzögerte Abkühlung nach dem Umformen stattgefunden haben. Zur Randzone des Preßteils hin nimmt die Härte zu. Dieser Verlauf gilt sowohl für den Bereich des Schaftes, als auch für den Bereich der Schulter und des Kopfes (Bilder 46 bis 48, jeweils Bildteil rechts und Bild 50). Der Härteanstieg zur Randzone des Fließpreßteils hin, der bei allen Temperaturen einschließlich Raumtemperatur auftritt, wird mit zunehmender Temperatur geringer.

6.3 Werkstoffkennwerte aus dem Stauchversuch

6.3.1 Versuchsbedingungen

Die Proben zur Aufnahme von Fließkurven im Stauchversuch wurden dem Schaft der voll-vorwärts-fließgepreßten Werkstücke entnommen. Der Durchmesser der Stauchproben entsprach mit d_1 = 15 mm dem Schaftdurchmesser der fließgepreßten Werkstücke. Die Ausgangshöhe der Stauchproben war h_o = 22,5 mm. Die Stauchversuche wurden auf einer hydraulisch angetriebenen Universalprüfmaschine (Fabrikat Losenhausen) mit einer Nennkraft F_N = 1000 kN bei einer konstanten Geschwindigkeit v = 10 mm/min bei Raumtemperatur durchgeführt. Zur Aufnahme der Fließkurven waren Kraftmeßkörper und induktiver Weggeber mit einem Rechner und einem x-y-Schreiber so geschaltet, daß die Fließspannung kontinuierlich über dem Umformgrad während des Stauchvorgangs aufgezeichnet werden konnte. Die Proben wurden auf die Hälfte der Ausgangshöhe - dies entspricht einem Umformgrad (Stauchgrad) $\varphi = 0{,}7$ - gestaucht.

6.3.2 Ergebnisse

Durch Halbwarmfließpressen lassen sich Werkstücke mit größeren Querschnittsänderungen herstellen als das durch Fließpressen bei Raumtemperatur möglich ist. Oft läßt sich dadurch eine Umformstufe in der Fertigungsfolge einsparen. Das Halbwarmfließpressen bietet sich damit auch als Verfahren an, mit dem zunächst eine größere Massenverteilung vorgenommen wird und dem sich eine Kaltumformung anschließt. In diesem Fall geben im Stauchversuch aufgenommene Fließkurven - mit Probekörpern, die dem Schaft halbwarmfließgepreßter Werkstücke entnommen sind - auf einfache Weise Aufschluß über das Werkstoffverhalten und die Voraussetzungen für eine anschließende Kaltumformung. Das Werkstoffverhalten ist insbesondere dann von Interesse, wenn zwischen der Halbwarmumformung und der anschließenden Weiterverarbeitung keine Wärmebehandlung (z. B. Weichglühen) durchgeführt werden soll.

Bild 51 zeigt solche Fließkurven, die den entsprechenden Temperaturen der Rohteile vor dem Fließpressen zugeordnet sind, im Vergleich mit der im Ausgangszustand (geglüht) des Werkstoffs ermittelten Fließkurve. Als Beispiel und stellvertretend für die restlichen Werkstoffe, bei denen sich ein qualitativ ähnliches Verhalten zeigt, wurden die beiden Werkstoffe 20 MnCr 5 und 42 CrMo 4 ausgewählt, die bei einer rel. Querschnittsänderung $\varepsilon_A = 0{,}7$ fließgepreßt wurden. Der Verlauf der Fließkurven ist abhängig von der Temperatur, bei der die Werkstücke fließgepreßt wurden.

Beim Werkstoff 20 MnCr 5 wird nach dem Kaltfließpressen (293 K) die höchste Anfangsfließspannung k_{fo} gemessen. Die Fließspannung bleibt in diesem Fall - nach einer relativ geringen Zunahme - oberhalb $\varphi = 0{,}1$ etwa konstant. Durch die vorausgegangene Kaltumformung ist der Werkstoff so stark vorverfestigt, daß sich beim anschließenden Stauchvorgang mit zunehmendem Umformgrad (Stauchgrad) keine weitere Verfestigung mehr ergibt. Die Fließkurve, die nach dem Fließpressen mit 773 K (500 °C) Rohteiltemperatur aufgenommen wurde, unterscheidet sich nur unwesentlich von der Fließkurve des kaltfließgepreßten Werkstücks. Auch beim Werkstoff 42 CrMo 4 zeigt die Fließspannung nach dem Fließpressen bei 773 K nur noch eine geringe Steigerung mit zunehmendem Umformgrad (Stauchgrad). Erst nach dem Fließpressen mit höheren Temperaturen ändert sich der Verlauf der Fließkurven merklich: Mit zunehmender Temperatur wird dabei die Anfangsfließspannung k_{fo} herabgesetzt, gleichzeitig verfestigt der Werkstoff stärker, so daß sich die Werte der Fließspannung mit zunehmendem Umformgrad (Stauchgrad) wieder annähern.

Oberhalb 1023 K (750 °C) wird die Reihenfolge, nach der die Fließkurven mit zunehmender Temperatur zu niedrigeren Werten hin verschoben werden, unterbrochen. Dies zeigt sich besonders deutlich beim Werkstoff 42 CrMo 4, wo die einer Rohteiltemperatur von 1073 K (800 °C) zugeordnete Fließkurve mit zunehmendem Umformgrad (Stauchgrad) erheblich über den anderen Fließkurven liegt. Dem Verlauf der Fließkurven nach zu urteilen, bietet damit ein Werkstück, das bei 1023 K (750 °C) Rohteiltemperatur fließgepreßt wurde, die günstigsten Voraussetzungen für eine nachfolgende Kaltumformung bei Verzicht auf eine Wärmebehandlung nach der Halbwarmumformung.

Bild 52 zeigt, daß auch bei den restlichen Werkstoffen die Anfangsfließspannung k_{fo} nach dem Fließpressen mit zunehmender Rohteiltemperatur abnimmt. Der Einfluß der rel. Querschnittsänderung ε_A kann als gering bezeichnet werden. Dagegen ist ein Einfluß der beim Halbwarmfließpressen verwendeten rel. Querschnittsänderung auf das Verfestigungsverhalten des Werkstoffs bei einer anschließenden Kaltumformung vorhanden. Mit zunehmender rel. Querschnittsänderung erhöht sich auch der Verfestigungsexponent n. Dieser ist in Bild 53 als Maß für die Verfestigung des Werkstoffs in Abhängigkeit von der Rohteiltemperatur bei der vorausgegangenen Halbwarmumformung aufgezeichnet.

6.4 Werkstoffkennwerte aus dem Zugversuch

6.4.1 Versuchsbedingungen

Die Ermittlung der Festigkeits- und Verformungskennwerte aus dem Zugversuch erfolgte an Zugproben (kurzer Proportionalstab B 6 x 30 nach DIN 50125), die dem Schaft der halbwarmfließgepreßten Werkstücke entnommen wurden. Die Zugversuche wurden nach DIN 50145 auf einer Universalprüfmaschine (Fabrikat Roell und Korthaus, Modell Locap Electomatic) mit einer konstanten Traversengeschwindigkeit von 2 mm/min durchgeführt.

Von den Festigkeits- und Verformungskennwerten wurden erfaßt:

- die Zugfestigkeit R_m
- die 0,2-Dehngrenze $R_{p0,2}$
- die Gleichmaßdehnung A_g
- die Bruchdehnung A_5
- die Brucheinschnürung Z.

6.4.2 Ergebnisse

Die Bilder 54 bis 59 zeigen die durch das Halbwarmfließpressen bedingte Veränderung der Festigkeits- und Verformungskennwerte in Abhängigkeit von der Rohteiltemperatur, mit der rel. Querschnittsänderung als Parameter. Mit Ausnahme des Werkstoffs 20 MnCr 5 steigen die Verformungskennwerte (Gleichmaßdehnung A_g, Bruchdehnung A_5 und Brucheinschnürung Z) mit zunehmender Rohteiltemperatur bis zu einem Höchstwert an, der im allgemeinen bei 1023 K erreicht wird und nehmen dann werkstoffabhängig mehr oder weniger stark wieder ab. Oberhalb dieser Rohteiltemperatur findet die Umformung im Bereich der α- γ -Umwandlung statt, wodurch sich eine neue Gefügestruktur ausbildet (siehe Abschnitt 5.2). Bei den rotbruchempfindlichen Werkstoffen hat die Umformung in diesem Temperaturbereich eine z. T. erhebliche Verminderung der Verformungskennwerte zur Folge. Die Rotbruchempfindlichkeit ist dadurch gegeben, daß sich der Schwefel in Form von Eisensulfid FeS schalenförmig an den Korngrenzen ansammelt, und der Werkstoff beim Umformen in diesem Temperaturbereich, infolge der geringeren Plastizität dieser Eisensulfide, brüchig wird [57]. Beim Werkstoff 20 MnCr 5, bei dem die Verformungskennwerte mit zunehmender Temperatur im gesamten untersuchten Temperaturbereich ohne Unterbrechnung zunehmen, ist die Rotbruchempfindlichkeit durch den erhöhten Mangangehalt nicht vorhanden. Der Schwefel ist hier vollständig als Mangansulfid MnS gebunden (die Affinität von Mn zu S ist größer als die von Fe) und im Werkstoff regellos verteilt, bzw. nach dem Umformen in Form von gestreckten MnS-Einschlüssen vorhanden.

Für den Verlauf der Zugfestigkeit R_m in Abhängigkeit von der Rohteiltemperatur T_R ergibt sich die umgekehrte Tendenz wie bei den Verformungskennwerten: Mit zunehmender Temperatur nimmt die Zugfestigkeit ab, erreicht bei 1023 K ein Minimum und steigt oberhalb dieser Temperatur wieder an.

Bei 773 K Rohteiltemperatur liegen die 0,2-Dehngrenze $R_{p0,2}$ und die Zugfestigkeit R_m bei allen Werkstoffen ziemlich dicht beieinander und unterscheiden sich dann mit zunehmender Temperatur immer deutlicher voneinander. Die Folge davon ist, daß das Streckgrenzenverhältnis $R_{p0,2}/R_m$ mit zunehmender Temperatur kleiner wird und oberhalb 1023 K entsprechend steil abfällt (Bild 60).

Aus den Bildern 54 bis 60 wird deutlich, daß der Einfluß der rel. Querschnittsänderung auf die Höhe der Kennwerte aus dem Zugversuch gering ist. Dieses Verhalten wird auch von [28] bestätigt, wo verschiedene (japanische) Kohlenstoffstähle untersucht wurden.

Tabelle 3 soll einen zusammenfassenden Überblick über die möglichen Veränderungen der Kennwerte aus dem Zugversuch im Bereich der Halbwarmumformung zwischen 773 K und 1023 K geben. Dazu wurden die Kennwerte nach dem Fließpressen mit den entsprechenden Temperaturen jeweils auf den im (geglühten) Ausgangszustand (AZ) gewonnenen Wert bezogen. Die angegebenen Werte sind Mittelwerte aller untersuchten rel. Querschnittsänderungen bei der betreffenden Temperatur und sind als Richtwerte zu verstehen.

6.5 Kerbschlagzähigkeit

6.5.1 Versuchsbedingungen

Die Ermittlung der Kerbschlagzähigkeit a_k erfolgte mit DVM-Proben nach DIN 50115, die dem Schaft der halbwarmfließgepreßten Werkstücke entnommen wurden. Die Kerbschlagbiegeversuche wurden auf einem Pendelschlagwerk mit einer Schlagarbeit von 300 J (Fabrikat Losenhausen, Typ PSW 30) bei Raumtemperatur durchgeführt.

6.5.2 Ergebnisse

Die Veränderung der Kerbschlagzähigkeit a_k in Abhängigkeit von der Rohteiltemperatur T_R und der rel. Querschnittsänderung ε_A zeigen die Bilder 61 und 62. Die Abhängigkeit der Kerbschlagzähigkeit von der Temperatur ist in der Tendenz ähnlich wie die der Verformungskennwerte aus dem Zugversuch. Mit zunehmender Temperatur nimmt auch die Kerbschlagzähigkeit bis zum Erreichen eines Höchstwertes, der meist bei einer Rohteiltemperatur von 1023 K auftritt, zu und fällt anschließend je nach Werkstoff zum Teil beträchtlich ab.

Eine Ausnahme bildet auch hier wieder der Werkstoff 20 MnCr 5, bei dem die Zunahme der Kerbschlagzähigkeit im untersuchten Temperaturbereich nicht unterbrochen wird.

Im Gegensatz zu den Kennwerten aus dem Zugversuch hat die rel. Querschnittsänderung einen Einfluß auf die Höhe der Kerbschlagzähigkeit. Insbesondere im unteren Temperaturbereich bis etwa 923 K (650 °C) erhöht sich die Kerbschlagzähigkeit teilweise deutlich, wenn mit größerer rel. Querschnittsänderung umgeformt wurde. Dies ist darauf zurückzuführen, daß mit zunehmender rel. Querschnittsänderung eine sehr viel stärkere Kornstreckung erfolgt und die faserige Struktur des umgeformten Gefüges, auf die die hohe Kerbschlagzähigkeit zurückzuführen ist, ausgeprägter wird. Durch die mit zunehmender Temperatur fortschreitende Rekristallisation, die mit größerem Umformgrad zu niedrigeren Temperaturen hin verschoben wird, unterscheiden sich dann die

Werte der Kerbschlagzähigkeit bei höheren Temperaturen nicht mehr so deutlich voneinander. Trotz der Neubildung des Gefüges durch Rekristallisation bleibt die relativ hohe Kerbschlagzähigkeit jedoch erhalten. Dies kann damit begründet werden, daß auch nach der Rekristallisation kein Gefüge mit regelloser Verteilung der Körner, sondern eine sog. Rekristallisationstextur vorliegt [58], in der die meisten Kristalle noch die durch die Umformung bedingte Orientierung aufweisen. Erst dann, wenn die Umformung im Bereich der α-γ-Umwandlung stattgefunden hat, wird eine deutliche Abnahme der Kerbschlagzähigkeit beobachtet. Es werden dann zum Teil Werte erreicht, die nur noch etwa halb so groß sind wie die Kerbschlagzähigkeit im Ausgangszustand.

6.6 Einfluß von Werkstoff-Ausgangszustand und Wärmebehandlung auf die mechanischen Eigenschaften

Wegen der geringeren Fließspannung des Werkstoffs und des verbesserten Formänderungsvermögens kann beim Umformen bei erhöhten Temperaturen auf eine der Umformung vorausgehende Wärmebehandlung (z. B. Weichglühen, GKZ-Glühen), wie sie vor einer Kaltumformung, insbesondere vor dem Kaltfließpressen notwendig ist, in vielen Fällen verzichtet werden. Da über die Wärmebehandlung und Gefügeausbildung in einem weiten Bereich auf die Eigenschaften des Werkstoffs Einfluß genommen werden kann, war davon auszugehen, daß sich der Gefügezustand vor dem Halbwarmfließpressen auch auf die mechanischen Eigenschaften nach der Umformung auswirken wird. Für zwei Werkstoffe wurden deshalb die mechanischen Eigenschaften nach dem Fließpressen mit ungeglühtem Werkstoff erfaßt und denjenigen nach dem Fließpressen mit geglühten Rohteilen gegenübergestellt. Zusätzlich wurde ein Vergleich mit den Werkstoffkennwerten der Werkstücke, die nach dem Fließpressen vergütet wurden, angestellt. Die Randbedingungen waren dabei im Einzelnen:

① Halbwarmfließpressen mit geglühtem Ausgangszustand. Anschließend Luftabkühlung (Werkstoff: 20 MnCr 5, Cf 53 und 42 CrMo 4. Ergebnisse nach Abschnitt 6.2 bis 6.5).

② Halbwarmfließpressen mit ungeglühtem Ausgangszustand. Anschließend Luftabkühlung (Werkstoff: 20 MnCr 5 und Cf 53).

③ Fließpressen mit geglühtem Werkstoff bei einer Rohteiltemperatur T_R = 973 K. Anschließend Luftabkühlung. Dann Härten (Öl) und anschließend Anlassen auf Temperaturen zwischen T_A = 773 K und 973 K mit 1 h Haltezeit (Werkstoff: Cf 53 und 42 CrMo 4).

Das Voll-Vorwärts-Fließpressen erfolgte mit einer rel. Querschnittsänderung ε_A = 0,8 (Umformgrad φ = 1,6). Die Kennwerte der beiden Werkstoffe 20 MnCr 5 und Cf 53 im ungeglühten Ausgangszustand sind Tabelle 2 b zu entnehmen.

Die unter den o. a. Bedingungen ermittelten Eigenschaften waren: die Härte, die Kennwerte aus dem Zugversuch und die Kerbschlagzähigkeit.

Härte

Die Härteverteilung nach dem Voll-Vorwärts-Fließpressen von geglühtem und ungeglühtem Werkstoff 20 MnCr 5 zeigt Bild 63. In beiden Fällen ist der qualitative Verlauf entlang des Schaftes, der durch einen steilen Anstieg im Bereich der Umformzone, durch ein relatives Minimum im Bereich der halben Schaftlänge und durch einen geringen Anstieg zum freien Schaftende hin gekennzeichnet ist, etwa derselbe.

Deutliche Unterschiede in der Höhe der Härte lassen sich bis zu einer Rohteiltemperatur von 973 K feststellen. Die Härte nach dem Fließpressen mit ungeglühtem Werkstoff liegt im Bereich des Schaftes um etwa 10 bis 15 % über der nach dem Fließpressen mit geglühtem Werkstoff. Im Vergleich dazu beträgt der Härteunterschied im Ausgangszustand 16 %. Erst nachdem mit einer Rohteiltemperatur von 1073 K und somit im Bereich der Umwandlungstemperatur umgeformt wurde, mit der Folge, daß sich die Gefügestruktur unabhängig vom Ausgangszustand etwa gleich ausbildet (siehe Abschnitt 5.2), werden die Härteunterschiede merklich geringer.

Auch beim Werkstoff Cf 53 entsprechen die Härteunterschiede nach dem Fließpressen von geglühtem und ungeglühtem Werkstoff größenordnungsmäßig etwa denen des Werkstoffs 20 MnCr 5, wie in Bild 64 als Beispiel nach dem Fließpressen bei 873 K Rohteiltemperatur gezeigt wird. Zusätzlich eingezeichnet ist noch die Härteverteilung, die sich einstellt, wenn die Werkstücke nach dem Fließpressen gehärtet und auf T_A = 873 K angelassen wurden (Behandlung nach ③). In diesem Fall läßt sich die Härte gegenüber den Werkstücken, deren Rohteile im ungeglühten Ausgangszustand vorlagen und die nach dem Fließpressen an ruhender Luft abkühlten, noch geringfügig steigern. Die Härteverteilung in Schaftrichtung und auch quer dazu ist bei den vergüteten Werkstücken erwartungsgemäß homogener, wie es auch am Beispiel des Werkstoffs 42 CrMo 4 (Bild 64 unten) deutlich wird.

Kennwerte aus dem Zugversuch

Bruchdehnung A_5 und Gleichmaßdehnung A_g liegen beim Werkstoff 20 MnCr 5 (Bild 65) nach dem Fließpressen von geglühten Rohteilen geringfügig über den Werten nach dem Fließpressen von ungeglühtem Werkstoff. Bei der Brucheinschnürung Z läßt sich die umgekehrte Reihenfolge und ein etwas größerer Unterschied feststellen. Im Vergleich zu den Verformungskennwerten wird die Zugfestigkeit vom Werkstoffzustand vor dem Fließpressen stärker beeinflußt. Die Zugfestigkeit nach dem Fließpressen von ungeglühtem Werkstoff 20 MnCr 5 liegt bis 973 K Rohteiltemperatur rund 15 bis 20 % höher als die Zugfestigkeit nach dem Fließpressen von geglühtem Werkstoff. Erst oberhalb dieser Temperatur kann der Unterschied als gering bezeichnet werden.

Auch beim Werkstoff Cf 53 (Bild 66) unterscheiden sich die unter den verschiedenen Randbedingungen ① (Ausgangszustand geglüht) und ② (Ausgangszustand ungeglüht) ermittelten Werte für die Gleichmaßdehnung A_g und für die Bruchdehnung A_5 nicht wesentlich voneinander und entsprechen etwa den Werten, die nach dem Vergüten (Behandlung nach ③) erhalten wurden. Lediglich für die im geglühten Ausgangszustand fließgepreßten Proben liegt die Brucheinschnürung Z im Temperaturbereich bis etwa 973 K unter den im ungeglühten Ausgangszustand bzw. im vergüteten Zustand ermittelten Werten, die bis 923 K Rohteiltemperatur T_R bzw. Anlaßtemperatur T_A identisch sind. Die in DIN 17212 für den Werkstoff Cf 53 vorgeschriebenen Mindestwerte im vergüteten Zustand für die Bruchdehnung A_5 = 12 % und die Brucheinschnürung Z = 25 % werden von den unter den Bedingungen (1) bis (3) ermittelten Werten im gesamten Temperaturbereich zum Teil erheblich übertroffen.

Die höchsten Festigkeitskennwerte Zugfestigkeit R_m und 0,2-Dehngrenze $R_{p0,2}$ werden im vergüteten Zustand erzielt. Die mit geglühten Rohteilen fließgepreßten Werkstücke, die anschließend an der Luft abgekühlt wurden, ergeben jeweils die geringsten Werte. Die Unterschiede werden mit steigender Rohteil- bzw. Anlaßtemperatur geringer und sind oberhalb 923 K zu vernachlässigen.

In DIN 17212 ist für den Werkstoff Cf 53 als Mindestwert - im vergüteten Zustand - für die 0,2-Dehngrenze $R_{p0,2}$ = 510 N/mm² festgelegt. Für die Zugfestigkeit R_m wird ein Bereich von 740 $\leq R_m \leq$ 880 N/mm² angegeben. Diese Werte werden von den vergüteten und von den im ungeglühten Ausgangszustand fließgepreßten Werkstücken im gesamten untersuchten Temperaturbereich, von den mit geglühten Rohteilen fließgepreßten Werkstücken, die keiner weiteren Wärmebehandlung unterworfen wurden, jedoch nur zum Teil erreicht bzw. übertroffen.

Für den Werkstoff 42 CrMo 4 sind im nächsten Bild 67 die Eigenschaften nach dem Halbwarmfließpressen von geglühtem Werkstoff (1) den Eigenschaften im vergüteten Zustand (3) gegenübergestellt. Ähnlich wie beim Werkstoff Cf 53 sind auch hier die Verformungskennwerte etwa gleich groß, während die Festigkeitskennwerte im vergüteten Zustand zum Teil erheblich höher liegen.

Kerbschlagzähigkeit

Ein Vergleich der unter den verschiedenen Randbedingungen (1) bis (3) ermittelten Kerbschlagzähigkeitswerte zeigt, daß die größte Steigerung der Kerbschlagzähigkeit durch Halbwarmfließpressen von ungeglühtem Werkstoff erreicht werden kann (Bild 68. Werkstoff: 20 MnCr 5 und Cf 53).Sie ist, wie auch schon beim Fließpressen von geglühtem Werkstoff gezeigt wurde, weitgehend werkstoffabhängig. Beim Werkstoff 20 MnCr 5 z. B. beträgt der Höchstwert nach dem Fließpressen von ungeglühten Rohteilen ungefährt das 1,8fache, beim Werkstoff Cf 53 dagegen das 7,4fache der im Ausgangszustand (ungeglüht) ermittelten Kerbschlagzähigkeit. Für den Werkstoff Cf 53 ist zu beachten, daß oberhalb 973 K Rohteiltemperatur ein merklicher Abfall der Kerbschlagzähigkeit eintritt, und diese Temperatur beim Fließpressen von ungeglühtem Werkstoff ggf. nicht überschritten wird. Die Kerbschlagzähigkeit der vergüteten Fließpreßteile steigt mit der Anlaßtemperatur T_A steil an und erreicht bei T_A = 973 K in etwa den Wert, der nach dem Fließpressen mit ungeglühtem Werkstoff Cf 53 bei der vergleichbaren Rohteiltemperatur T_R = 973 K erreicht wird. Im unteren Temperaturbereich - insbesondere bis 873 K - ist die Kerbschlagzähigkeit der vergüteten Fließpreßteile deutlich geringer als die der nur halbwarmfließgepreßten im ungeglühten Ausgangszustand und ohne anschließende Wärmebehandlung.

6.7 Vergleich der mechanischen Eigenschaften nach dem Kalt- und Halbwarmfließpressen

Der Werkstoff 20 MnCr 5 wurde u. a. deshalb in die Untersuchungen einbezogen, weil er sich auch bei Raumtemperatur relativ gut fließpressen läßt. Er ist somit der geeignete Werkstoff mit dem ein Bezug zwischen den Eigenschaften nach dem Kaltfließpressen und nach dem Halbwarmfließpressen hergestellt werden kann. Bild 69 vergleicht anhand von Balkendiagrammen die mechanischen Eigenschaften nach dem Kaltfließpressen mit denen nach dem Halbwarmfließpressen und stellt sie den im Ausgangszustand (geglüht) ermittelten Eigenschaften gegenüber.

Nach dem Halbwarmfließpressen kann gegenüber dem Kaltfließpressen mit einer wesentlich höheren Kerbschlagzähigkeit gerechnet werden. Sie beträgt nach dem Fließpressen mit 773 K (500 °C) Rohteiltemperatur etwas mehr als das Doppelte und nach dem Fließpressen mit 1073 K (800 °C) ungefähr das 3,5fache des Wertes, der nach dem Kaltfließpressen ermittelt wurde. Die höchste Zugfestigkeit wird nach dem Kaltfließpressen erhalten. Sie liegt jedoch nur um etwa 10 % über dem der Rohteiltemperatur 773 K (500 °C) zugeordneten Wert. Die 0,2-Dehngrenze nach dem Kaltfließpressen und nach dem Fließpressen bei 773 K (500 °C) sind etwa gleich groß. Nach dem Fließpressen bei 1073 K (800 °C) Rohteiltemperatur beträgt sie dann ca. die Hälfte des Wertes nach dem Kaltfließpressen. Die höchsten Verformungskennwerte werden nach dem Halbwarmfließpressen erhalten und liegen nach dem Fließpressen mit 1073 K (800 °C) z. B. im Bereich der Rohteilkennwerte, während nach dem Kaltfließpressen, insbesondere für die Bruchdehnung und Gleichmaßdehnung, jeweils nur ein Bruchteil des Ausgangswertes festgestellt wird.

7 Geometrische Eigenschaften

Von den möglichen Fehlerarten Maßfehler, Lagefehler und Formfehler, die bei voll-vorwärts- bzw. napf-rückwärts-fließgepreßten Teilen im wesentlichen auftreten können [17, 59], sind es insbesondere die zu den Maßfehlern zählenden Abweichungen der Durchmesser- und Längenmaße vom Nennmaß, die beim Halbwarmfließpressen verfahrensbedingt stark von der Temperatur beeinflußt werden. Die Beschreibung der geometrischen Eigenschaften nach dem Halbwarmfließpressen soll sich daher - neben der Erfassung der Oberflächenbeschaffenheit - auf diese Maßabweichungen beschränken.

7.1 Geometrische Eigenschaften nach dem Voll-Vorwärts-Fließpressen

7.1.1 Maßabweichungen

7.1.1.1 Versuchsbedingungen

Der Schaftdurchmesser der Fließpreßteile wurde an sechs gleichmäßig über die Schaftlänge verteilten Stellen mit einer Bügelmeßschraube und die Längenmaße (Schaftlänge, Kuppenhöhe) auf einem Universalmeßmikroskop mit Digitalanzeige gemessen. Je Meßreihe wurde eine Mindestanzahl von sieben Proben ausgemessen. Bei dieser Probenanzahl konnte davon ausgegangen werden, daß zufällige Meßfehler weitgehend ausgeschaltet wurden. Mit Hilfe statistischer Methoden [60] wurde untersucht, ob der durch die Temperatur bedingte Unterschied zwischen den Mittelwerten statistisch gesichert ist oder sich zufällig ergeben hat. Dieser Rechnung wurde eine 95%ige statistische Sicherheit zugrunde gelegt.

7.1.1.2 Ergebnisse

Der Schaftdurchmesser des Fließpreßteils und der formgebende Werkzeugdurchmesser der Preßbüchse stimmen in der Regel nicht miteinander überein. Dafür verantwortlich sind im wesentlichen zwei Einflüsse: Neben der elastischen Verformung, d. h. Aufweitung des Werkzeugs unter Last, die beim Kaltfließpressen die Hauptursache für die Maßabweichungen ist, wirkt sich beim Halbwarmfließpressen vor allem die Kontraktion des Werkstücks beim Abkühlen aus. Die Schwindung ist dabei abhängig von der Temperatur des Werkstücks am Ende der Umformung. Diese wiederum wird hauptsächlich beeinflußt von der Rohteiltemperatur, aber auch vom Umformgrad, Werkzeugtemperatur und Dauer der Umformung [4, 17, 61].

Mit zunehmender Temperatur des Werkstückes wird die Aufweitung des Werkzeuges unter Last geringer, bedingt durch die abnehmende Radialspannung. Gleichzeitig führt die größer werdende Schwindung des Werkstücks beim Abkühlen zu einer Verringerung des Schaftdurchmessers. Mit zunehmender Temperatur unterstützen sich somit diese beiden Einflüsse in ihren Auswirkungen auf den Schaftdurchmesser der halbwarmfließgepreßten Werkstücke. Wie die Bilder 70 und 71 am Beispiel der Werkstoffe 20 MnCr 5 und 15 CrNi 6 zeigen, vergrößert sich dadurch die Abweichung des Schaftdurchmessers vom Werkzeugdurchmesser mit zunehmender Temperatur. In beiden Bildern sind nicht die absoluten Werte des Schaftdurchmessers d, sondern jeweils der auf den Werkzeugdurchmesser d_{Wz} bezogene Wert $(d-d_{Wz})/d_{Wz}$ in Abhängigkeit von der Rohteiltemperatur aufgetragen. Mit d_{Wz} ist dabei der Durchmesser am Fließbund der Matrize, gemessen bei Raumtemperatur im unbelasteten Zustand, bezeichnet.

Die nach dem Fließpressen mit 293 K (also nach dem Kaltfließpressen) ermittelten Werte des Schaftdurchmessers liegen im gesamten Schaftbereich über denen des Werkzeugdurchmessers (Bild 70). Bei den halbwarmfließgepreßten Werkstücken dagegen überwiegt deutlich die Kontraktion des Werkstücks beim Abkühlen, so daß der Schaftdurchmesser kleiner ist als der Werkzeugdurchmesser.

Der Schaftdurchmesser bleibt über die Länge des Fließpreßteils nicht konstant. Sein qualitativer Verlauf in Abhängigkeit von der Schaftlänge z ist bei den kaltfließgepreßten Werkstücken derselbe wie bei den halbwarmfließgepreßten. Der größte Durchmesser ergibt sich jeweils am freien Schaftende, das bei Vorgangsbeginn ausgepreßt wird und durch die ebenfalls bei Vorgangsbeginn auftretende Kraftspitze erklärt werden kann. Die kleinsten Werte treten i. a. im Bereich der Schaftmitte auf, wo auch die größte Temperaturzunahme während der Umformung zu verzeichnen ist. Die am anderen Ende ermittelten Durchmesser sind dann wieder etwas größer, bedingt durch den verstärkten Wärmeübergang ins relativ kältere Kopfteil und in den Fließbund der Matrize aufgrund der längeren Berührzeit im unteren Totpunkt.

Die Tendenz, daß mit zunehmender Temperatur der Schaftdurchmesser abnimmt, wird bei 1023 K (750 °C) unterbrochen. Beim Fließpressen oberhalb dieser Rohteiltemperatur findet die Umwandlung des kubisch-raumzentrierten α-Eisens in die kubisch-flächenzentrierte γ-Phase statt. Wegen der dichteren Kugelpackung des γ-Eisens gegenüber dem α-Eisen ist diese Umwandlung mit einer sprunghaften Volumenänderung verbunden und macht sich in einer Zunahme des Schaftdurchmessers nach dem Abkühlen auf Raumtemperatur bemerkbar.

In Bild 72 ist als Maßunterschied am Schaftdurchmesser die Differenz zwischen dem jeweils kleinsten und größten Durchmesser der innerhalb einer Meßreihe aufgetreten ist, angegeben. Diese verfahrensbedingten Maßabweichungen am Schaftdurchmesser liegen demnach unabhängig von der rel. Querschnittsänderung mit 0,02 bis 0,05 mm etwa im Bereich zwischen IT 8 bis IT 10 und sind mit denen nach dem Kaltfließpressen vergleichbar, wo Unterschiede zwischen 0,03 und 0,05 mm gemessen wurden.

Zur deutlicheren Unterscheidung der beiden Einflüsse

- Temperatur und
- Aufweitung des Werkzeugs unter Last

auf den Schaftdurchmesser ist in Bild 73 die relative Maßänderung des am freien Schaftende gemessenen Schaftdurchmessers d_6 - der zu Vorgangsbeginn ausgepreßt wird und der Kraftspitze F_{Stmax} zugeordnet werden kann - in Abhängigkeit von der Rohteiltemperatur für verschiedene Werkstoffe aufgetragen. In der Reihenfolge Ck 15, 20 MnCr 5 und 15 CrNi 6, in der die Geraden übereinander liegen, nimmt auch die benötigte Preßkraft und damit die Werkzeugbelastung zu. Eine Zuordnung der relativen Maßänderung des Durchmessers d_6 auf die zu Vorgangsbeginn gemessene größte Stempelkraft F_{Stmax} gibt keinen eindeutigen Zusammenhang, weil von der Stempelkraft nicht direkt auf die tatsächlich wirkende Werkzeugbelastung in der Umformzone und damit auf die elastische Aufweitung geschlossen werden kann (Bild 74a). Anders verhält es sich, wenn die relative Durchmesseränderung in Beziehung gesetzt wird zu der bezogenen Preßkraft $\overline{p}_{Mmax}$. Mit $\overline{p}_{Mmax}$ wird die auf die Ringfläche (A_o-A_1) bezogene größte Stempelkraft F_{Stmax} bezeichnet. Wie aus Bild 74 b hervorgeht, ergibt sich ein linearer Zusammenhang zwischen der relativen Durchmesseränderung $(d_6-d_{Wz})/d_{Wz}$ und der bezogenen Preßkraft $\overline{p}_{Mmax}$.

Die Bilder 70, 71, 73 und 74 zeigen, daß die rel. Querschnittsänderung in dem untersuchten Bereich kaum einen Einfluß auf die Durchmesseränderung hat. Dies deckt sich mit der Beobachtung, daß die auf die Ringfläche (A_o-A_1) bezogene Preßkraft $\overline{p}_{Mmax}$ - im Gegensatz zu der auf den Stempelquerschnitt A_o bezogenen Preßkraft $\overline{p}_{Stmax}$ (siehe Abschnitt 4.1) - von der rel. Querschnittsänderung ebenfalls kaum beeinflußt wird.

Die relativ starke Abhängigkeit der Preßkraft von der Temperatur führt dazu, daß sich bereits geringe Temperaturschwankungen deutlich auf die Auffederung der Umformmaschine auswirken - vor allem bei einer geringen Steifigkeit des Systems Maschine-Werkzeug - und zu Unterschieden bei der Kopfhöhe der Fließpreßteile führen. Unterschiedliche Kopfhöhen wiederum haben Maßschwankungen bei der Schaftlänge zur Folge (Volumenkonstanz), die vor allem bei größeren Querschnittsänderungen beträchtlich sein können.

Zu diesen durch die Temperaturschwankungen verursachten Maßänderungen der Schaftlänge addieren sich noch die Maßschwankungen, die durch unterschiedliche Rohteilabmessungen bedingt sind und durch vorgegebene Rohteiltoleranzen in entsprechenden Grenzen gehalten werden können. Die Rohteiltoleranzen im vorliegenden Fall waren $\pm$ 0,1 mm bei der Rohteilhöhe und $\pm$ 0,02 mm beim Durchmesser und führten damit zu maximalen Schwankungen bei der Schaftlänge von etwa 1,5 % bei ε_A = 0,6; 1,8 % bei ε_A = 0,7 und 2,5 % bei ε_A = 0,8.

Zur Veranschaulichung der beschriebenen Abhängigkeiten wurde bei konstanter Einstellung des unteren Totpunkts der Presse die Veränderung der Schaftlänge durch das Fließpressen mit unterschiedlichen Rohteiltemperaturen ermittelt. Die Ergebnisse sind in Bild 75 für die Werkstoffe 20 MnCr 5 und 15 CrNi 6 dargestellt.

Eine verfahrenstypische Formabweichung beim Voll-Vorwärts-Fließpressen ist die Wölbung der Stirnfläche des Schaftes nach außen hin, die bei entsprechenden Genauigkeitsanforderungen an das Werkstück durch anschließendes Abspanen beseitigt werden muß. Diese Stirnflächenwölbung wird in [62] damit erklärt, daß die Randzone infolge Reibung an der Fließpreßschulter gegenüber der Mitte zurückbleibt.

Die durch die Stirnflächenwölbung entstandene Kuppenhöhe h_z beträgt bei den kaltfließgepreßten Werkstücken (Werkstoff Ck 15 und 20 MnCr 5) etwa 1,2 bis 1,4 mm. Bei den halbwarmfließgepreßten Werkstücken wird die Wölbung mit zunehmender Temperatur größer und erreicht bei 1073 K (800 °C) Rohteiltemperatur Werte bis zu 2 mm (Bild 76). Die Stirnflächenwölbung wird von der rel. Querschnittsänderung ($0{,}6 \leq \varepsilon_A \leq 0{,}8$) nur wenig beeinflußt.

7.1.2 Oberflächenbeschaffenheit

Bei den Fertigungsverfahren der Umformtechnik geht die Oberfläche des Werkstücks aus der ursprünglichen Oberfläche hervor und ist die Folge der Ausgangsoberfläche und der Oberflächenwandlung durch die Umformung. Die Oberflächenwandlung kann dabei sowohl frei als auch gebunden erfolgen. Die Oberflächenbeschaffenheit des Schaftes voll-vorwärts-fließgepreßter Werkstücke (nur diese wurde hier untersucht) ist die Folge einer solchen gebundenen Umformung. Während für frei umgeformte Oberflächen Gesetzmäßigkeiten gefunden werden konnten, nach denen eine Aussage über den Zustand nach dem Umformen möglich ist [63], konnten solche Zusammenhänge für gebunden umgeformte Oberflächen bisher noch nicht abgeleitet werden, so daß man auf experimentelle Untersuchungen angewiesen ist, die Auskunft über den Einfluß der Fertigungsbedingungen auf die Oberflächenbeschaffenheit geben. Über die Ergebnisse einer derartigen Untersuchung beim Voll-Vorwärts-Fließpressen von Stahl bei Raumtemperatur wird in [64] ausführlich berichtet.

Die Abhängigkeit der Oberflächenfeingestalt von den dort diskutierten Einflußgrößen (Umformgrad, Größe des Schulteröffnungswinkels, Beschaffenheit der Rohteiloberfläche) läßt sich prinzipiell auch auf das Halbwarmfließpressen übertragen, so daß hier insbesondere auf die Veränderung der Oberfläche in Abhängigkeit von der Temperatur eingegangen werden soll.

7.1.2.1 Versuchsbedingungen

Zur Erfassung der Oberflächenfeingestalt wurde ein Oberflächenmeßgerät (Fa. Hommel Werke, Typ T 3) verwendet, das nach dem Tastschnittverfahren arbeitet und die drei Senkrechtmaße Rauhtiefe R_t, Glättungstiefe R_p und Mittenrauhwert R_a direkt anzeigt.

Die Mantelfläche im Schaftbereich der Fließpreßteile wurde in Richtung der Längsachse in 10 mm Abständen abgetastet. Der Tastweg betrug 2 mm, die Wellentrennlänge (cut off) war mit 0,75 mm eingestellt. Je Längsabschnitt am Schaft wurden 3 Meßstrecken (mit 2 mm Tastweg) über den Umfang verteilt, das ergibt bei 7 ausgemessenen Proben einen Mittelwert, der sich aus 21 Einzelwerten zusammensetzt und ausreichend zuverlässig ist.

Die Werkstücke wurden nach dem Umformen sehr sorgfältig von der anhaftenden Schmierstoffschicht gereinigt, um einen Einfluß der verbliebenen Schmierstoffreste auf die Oberflächenmessung auszuschließen.

7.1.2.2 Ergebnisse

Nach [64] wird die Ausbildung der Oberflächenfeingestalt des Schaftes durch die Auswirkungen zweier Vorgänge maßgeblich bestimmt. Im Bereich der Schulter erfolgt demnach zunächst die für eine freie Umformung typische Zunahme der Rauhtiefe R_t und der Glättungstiefe R_p, die jedoch durch die Flächenpressung zwischen Werkzeug und Werkstück behindert wird und deshalb kleiner ist als die Aufrauhung einer unbehindert frei gerauhten Oberfläche. Im daran anschließenden zweiten Vorgang wandelt sich die gerauhte Schulteroberfläche zur gebunden umgeformten Schaftoberfläche, wobei der Glättungsvorgang offenbar in einer schmalen Ringzone am Übergang von der Schulter zum Schaft abläuft.

Die Oberflächenmaßzahlen Rauhtiefe R_t und Glättungstiefe R_p geben eine quantitative Beschreibung der Oberflächenfeingestalt. Zur Kennzeichnung der Veränderung der Oberfläche zwischen Rohteil und Werkstück dienen die in [65] eingeführten relativen Rauheitsänderungen ϱ_t und ϱ_p, die als

$$\varrho_t = (R_{to} - R_{t1})/R_{to} \quad \text{und}$$
$$\varrho_p = (R_{po} - R_{p1})/R_{po}$$

definiert sind. Der Index 0 bezeichnet die Rohteilwerte, Index 1 die der Werkstücke nach dem Umformen.

Bild 77 zeigt diese Rauheitsänderungen in Abhängigkeit von der Temperatur für den Bereich der Schaftoberfläche, der aus der Mantelfläche des Rohteils hervorgegangen ist. Parameter sind die rel. Querschnittsänderung (ε_A = 0,6 und ε_A = 0,8) und die Beschaffenheit der Rohteiloberfläche (gedreht und gestrahlt). Bei der Verwendung von gestrahlten Rohteilen mit R_{to} = 16 bis 25 µm und R_{po} = 8 bis 10 µm überwiegt die Einglättung: Die ermittelten relativen Rauheitsänderungen sind über den gesamten Temperaturbereich für beide rel. Querschnittsänderungen positiv. Bei der Verwendung von gedrehten Rohteilen - deren Oberflächenmaßzahlen mit R_{to} = 5 bis 12 µm und R_{po} = 3 bis 6 µm niedriger liegen als die der gestrahlten Teile - überwiegt dagegen der Einfluß der Aufrauhung: Die Werte der relativen Rauheitsänderungen sind nahezu über den gesamten Temperaturbereich hinweg negativ, die Schaftoberfläche somit rauher als die Rohteiloberfläche. Ein wenn auch insgesamt geringer Einfluß der rel. Querschnittsänderung auf die Rauheitsänderung ist vorhanden und dürfte auf die unterschiedlich große Flächenpressung und die damit verbundene unterschiedlich große Einglättung zurückzuführen sein.

Ein Vergleich der Schaftoberflächen zeigt, daß die absoluten Werte der Rauhtiefe R_t und der Glättungstiefe R_p nach dem Fließpressen von gedrehten Rohteilen nur unwesentlich unter denen nach dem Fließpressen von gestrahlten Rohteilen liegen.

Bild 78 gibt Auskunft über die Verteilung der Rauh- und Glättungstiefe entlang der Schaftoberfläche. Parameter ist die Rohteiltemperatur. Mit zunehmender Temperatur nehmen auch die Rauheitswerte zu, doch ist erst bei Rohteiltemperaturen über 973 K (700 °C) eine wesentliche Steigerung der Rauhtiefe zu beobachten. Die jeweils größten Rauheitswerte treten in dem Schaftbereich auf, der der Schulter zugewandt ist und vorher die Mantelfläche der Rohteile bildete. Die Rauhtiefe fällt dann zum freien Schaftende hin ab und erreicht die kleinsten Werte in der Zone, die aus der Umlenkung der Rohteilstirnfläche hervorgegangen ist. Der Grund dafür dürfte darin liegen, daß die Aufrauhung im Schulterbereich zu Beginn der Umformung durch die kleineren Formänderungen im instationären Anfangsbereich geringer ist. Zusätzlich wird die zu Beginn auftretende größere Stempelkraft zu einer stärkeren Einglättung führen.

Die in der rechten Hälfte von Bild 78 gezeigten Ausschnitte von Profilschrieben zeigen die Oberflächenfeingestalt der Fließpreßteile und verdeutlichen das für gebunden umgeformte Oberflächen typische Aussehen: Die Spitzen der Rauhberge sind durch Mikroprägevorgänge plattgedrückt, wobei durch die abnehmende Flächenpressung mit zunehmender Temperatur die Rauheit zunimmt.

7.2 Geometrische Eigenschaften nach dem Napf-Rückwärts-Fließpressen

Über die an rückwärts-fließgepreßten Näpfen auftretenden Maßabweichungen der Innen- und Außendurchmesser in Abhängigkeit von der Temperatur und der rel. Querschnittsänderung wird u. a. in [4] berichtet. Da die Messungen in der hier durchgeführten Untersuchung zu qualitativ und quantitativ vergleichbaren Ergebnissen führten, soll hier auf eine erneute Darstellung dieser Maßabweichungen verzichtet werden und im folgenden lediglich kurz auf die Abweichung bei den Längenmaßen (Bodendicke, Napfhöhe) und auf die zu den Formfehlern zählende Unrundheit eingegangen werden.

7.2.1 Maßabweichungen

Beim Halbwarmfließpressen führen bereits geringe Temperaturschwankungen zu merklichen Unterschieden bei der Preßkraft und diese wiederum wirken sich über das Auffederungsverhalten der Maschine auf die Längenmaße der Werkstücke aus. Beim Voll-Vorwärts-Fließpressen werden dadurch Kopfhöhe und Schaftlänge (siehe Abschnitt 7.1), beim Napf-Rückwärts-Fließpressen Bodendicke und Napfhöhe beeinflußt. Bild 79 verdeutlicht die Abhängigkeit der Bodendicke b von der Temperatur für zwei unterschiedliche rel. Querschnittsänderungen (Bild 79 a) und zeigt die entsprechenden Auswirkungen auf die Napfhöhe h_i (Bild 79 b).

7.2.2 Unrundheit

7.2.2.1 Versuchsbedingungen

Die Rundheit der Näpfe wurde an drei verschiedenen Napfhöhen, die mit den Meßstellen 1 (oben), 2 (Mitte) und 3 (unten) bezeichnet sind, erfaßt. Die Messungen, die bei gleicher Höhenlage jeweils an der Napfinnen- und Napfaußenkontur durchgeführt wurden, erfolgten mit einem Rundheitsmeßgerät (Fabrikat Taylor-Hobson, Modell Talyrond 50), das die Rundheitsprofile auf einer Papierscheibe aufzeichnete. Aus den Polarschrieben wurde die radienbezogene Unrundheit nach DIN 7184 Bl. 2 ermittelt.

7.2.2.2 Ergebnisse

Bild 80 zeigt die radienbezogene Unrundheit in Abhängigkeit von der Rohteiltemperatur, aufgenommen bei verschiedenen Napfhöhen für die Napfinnen- und Napfaußenkontur. Die kleinsten Abweichungen zeigen sich im Bereich des Napfbodens, in dem der Stempel bis zum Ende des Umformvorgangs an der Napfwand anliegt. Zum oberen Napfende hin nimmt die Unrundheit dann deutlich zu. Im Bereich des Napfbodens bleibt sie bis 973 K (700 °C) etwa konstant und wird erst oberhalb dieser Temperatur merklich größer. In der Napfmitte und im oberen Teil des Napfes zeigt die Unrundheit über den gesamten Temperaturbereich hinweg ansteigende Tendenz bei insgesamt stärkerer Temperaturabhängigkeit. Die Rundheitsabweichungen von Innen- und Außenkontur zeigen in Abhängigkeit von der Temperatur etwa das gleiche Verhalten.

8 Entscheidungshilfen für die praktische Anwendung des Halbwarmfließpressens

Durch Umformen im Temperaturbereich zwischen Raumtemperatur und Schmiedetemperatur wird das Ziel verfolgt, die Vorteile der Kaltumformung mit denen der Warmumformung zu verbinden. Für das Fließpressen der in dieser Untersuchung verwendeten Einsatz- und Vergütungsstähle bietet sich der Temperaturbereich zwischen der Blau- und Rotsprödigkeit an.

Schmierstoffe auf der Basis kolloidalen Graphits weisen neben guter Benetzungsfähigkeit und Haftung ausreichende Temperaturbeständigkeit auf und finden bei der Halbwarmumformung die gebräuchlichste Verwendung. Die Schmierung erfolgt am günstigsten durch Tauchen der Rohteile in Schmierstoff vor dem Erwärmen, durch Besprühen der Werkzeuge oder durch eine Kombination beider Verfahren. Durch den Wegfall des für das Kaltfließpressen notwendigen Phosphatierens wird ein wesentlicher Kostenfaktor hinfällig.

Der Werkzeugaufbau entspricht grundsätzlich dem beim Kaltfließpressen. Als Stempel- und Matrizenwerkstoff werden Schnellarbeitsstähle, insbesondere solche mit Co-Zusatz empfohlen, für die Armierungsringe eignen sich Warmarbeitsstähle.

Durch die geringere Fließspannung lassen sich größere Querschnittsänderungen erzielen als beim Kaltfließpressen. Insbesondere bei höher legierten Stählen besteht dadurch die Möglichkeit, Umformstufen einzusparen.

Sowohl für die Fließspannung als auch für den Kraftbedarf werden etwa das 0,75fache (bei 773 K bzw. 500 °C) bis 0,4fache (bei 1023 K bzw. 750 °C) des Wertes bei Raumtemperatur benötigt (Bild 8 und 22).

Für die Bestimmung des Kraftbedarfs und der Werkzeugbelastung stehen Nomogramme zur Verfügung, die auf Meßwerten aufbauen (Bild 24 und 25).

Ein Großteil der Beziehungen zur Berechnung der Stempelkraft beim Kaltfließpressen kann auch für das Halbwarmfließpressen, unter Verwendung der für die jeweilige Rohteiltemperatur zutreffenden Fließspannung, herangezogen werden (Abschnitt 4.2).

Das Halbwarmfließpressen ist nicht nur allein als Alternative zu den Verfahren Kalt- und Warmfließpressen zu betrachten, sondern bietet sich z. B. auch für eine Kombination Halbwarmfließpressen-Kaltfließpressen an. Dem Werkstoffverhalten und der Gefügeausbildung der halbwarmfließgepreßten Werkstücke nach zu urteilen, gibt ein bei etwa 1023 K (750 °C) Rohteiltemperatur umgeformtes Werkstück die günstigsten Voraussetzungen für eine nachfolgende Kaltmassivumformung bei gleichzeitigem Verzicht auf eine Wärmebehandlung (z. B. Weichglühen) vor dem Kaltfließpressen.

Die Härte und die Kennwerte aus dem Zugversuch - ermittelt an den fließgepreßten Werkstücken - lassen sich in einem weiten Bereich über die Temperatur beeinflussen, die Kerbschlagzähigkeit ist zusätzlich noch stark von der Querschnittsänderung abhängig.

Wird bei den halbwarmfließgepreßten Werkstücken, die nach der Umformung keiner Wärmebehandlung unterworfen werden, Wert gelegt auf große Kerbschlagzähigkeit, Bruchdehnung und Brucheinschnürung, so liegt der günstigste Bereich der Rohteiltemperaturen bei 973 bis 1023 K (700 bis 750 °C). Für größere Festigkeitskennwerte (z. B. Zugfestigkeit) und für eine größere Härte ist der Temperaturbereich 773 bis 873 K (500 bis 600 °C) zu wählen.

Die mechanischen Eigenschaften halbwarmfließgepreßter Werkstücke, deren Rohteile nicht geglüht waren und die nach dem Fließpressen keine weitere Wärmebehandlung erfahren, unterscheiden sich nur geringfügig von den mechanischen Eigenschaften solcher Werkstücke, die nach dem Fließpressen vergütet werden (Abschnitt 6.5). Unter bestimmten Voraussetzungen kann demnach beim Halbwarmfließpressen von ungeglühtem Werkstoff auf zwei aufwendige Wärmebehandlungen (Glühen der Rohteile, Vergüten nach dem Fließpressen) verzichtet werden.

Die Unterschiede zwischen Werkzeug- und Werkstückabmessung sind beim Halbwarmfließpressen vorwiegend durch die Kontraktion des Werkstücks beim Abkühlen gegeben. Durch entsprechende Korrektur der Werkzeugmaße (z. B. Vergrößerung des Werkzeugdurchmessers am Fließbund beim Voll-Vorwärts-Fließpressen) können die Werkstücke mit einer Genauigkeit hergestellt werden, die nur unwesentlich geringer ist als beim Kaltfließpressen.

Die Einhaltung vorgeschriebener Längenmaße (z. B. Schaftlänge beim Voll-Vorwärts-Fließpressen, Bodendicke beim Napf-Rückwärts-Fließpressen) läßt sich nur bei genauer Temperaturführung erreichen, da bereits geringe Temperaturschwankungen zu Kraftschwankungen, verbunden mit einer unterschiedlichen Auffederung und damit zu entsprechenden Abweichungen vom Nennmaß führen.

Mit zunehmender Temperatur nehmen Rauhtiefe und Glättungstiefe zu, die Oberflächenbeschaffenheit halbwarmfließgepreßter Werkstücke ist jedoch deutlich besser als nach dem Warmfließpressen (Abschnitt 7.1).

9 Zusammenfassung

Eine breitere Anwendung des Halbwarmfließpressens von Stahl in der industriellen Fertigung scheiterte in der Vergangenheit oftmals am Mangel an fundierten Grundlagen und Entscheidungshilfen für den Einsatz dieses Verfahrens.

Beim Halbwarmfließpressen wird gegenüber dem Kaltfließpressen mit erhöhten und im Vergleich zum Warmfließpressen mit abgesenkten Temperaturen gearbeitet. Dabei wird versucht, die Vorteile dieser beiden bekannten Verfahren hinsichtlich den Anforderungen an das umgeformte Werkstück optimal zu verbinden.

Die vorliegende Untersuchung hatte zum Ziel, auf der Basis eines weit gefächerten Untersuchungsprogramms die Auswirkungen verschiedener Vorgangsparameter (Umformverfahren, Umformgrad, Werkstückwerkstoff, Rohteiltemperatur) auf Vorgangsablauf, Kraftbedarf, Werkzeugbelastung und zu erwartende Werkstückeigenschaften nach dem Umformen zu erfassen.

Dazu wurden in dem für die Halbwarmumformung relevanten Temperaturbereich Fließkurven mit annähernd konstanter Umformgeschwindigkeit aufgenommen, unter Verwendung der für die jeweilige Rohteiltemperatur zutreffenden Fließspannung Möglichkeiten zur Berechnung der Stempelkraft beim Voll-Vorwärts- und Napf-Rückwärts-Fließpressen vorgestellt und die Ergebnisse mit Versuchswerten verglichen.

Mit Methoden der Visioplasticity wurde der Einfluß der Temperatur auf den Werkstofffluß untersucht und das Stoffflußverhalten beim Halbwarmfließpressen mit dem beim Kaltfließpressen verglichen.

Ein weiterer Schwerpunkt der Untersuchungen war die Erfassung der mechanischen Eigenschaften nach dem Fließpressen (Härte, Kennwerte aus dem Stauch- und Zugversuch, Kerbschlagzähigkeit) in Abhängigkeit von Werkstoff, Temperatur, Querschnittsänderung und Glühbehandlung.

Die Untersuchungen über die mechanischen Eigenschaften wurden durch Gefügeuntersuchungen ergänzt.

Neben der Erfassung der Oberflächenbeschaffenheit beschränkte sich die Beschreibung der geometrischen Eigenschaften nach dem Halbwarmfließpressen auf Maßabweichungen, die vorwiegend von der Temperatur beeinflußt werden.

Für eine erweiterte Anwendung des Halbwarmfließpressens von Stahl sprechen verschiedene Vorteile, die in der vorliegenden Untersuchung erarbeitet und aufgezeigt werden.

Zu diesen Vorteilen gehören u. a. der im Vergleich zur Kaltumformung geringere Kraftbedarf mit entsprechend verminderter Werkzeugbelastung. Bei gleichzeitig erhöhtem Formänderungsvermögen des Werkstoffs kann dadurch mit größeren Querschnittsänderungen umgeformt und darüber hinaus ggf. auf eine Wärmebehandlung (z. B. Weichglühen) der Rohteile vor der Halbwarmumformung verzichtet werden.

Die erzeugbaren Geometrien beim Halbwarmfließpressen entsprechen größtenteils jenen des Kaltfließpressens. Die Werkstücke werden deshalb auch meist als fertiges bzw. nahezu fertiges Einbauteil verwendet. Die Ergebnisse der Untersuchung zeigen, daß für diesen Fall insbesondere über die Temperatur als maßgebliche Verfahrenskenngröße die Möglichkeit besteht, in einem weiten Bereich auf die Gebrauchseigenschaften der umgeformten Werkstücke Einfluß zu nehmen. Für die Einhaltung reproduzierbarer Ergebnisse ist dabei eine genaue Temperaturführung bei den Rohteilen erforderlich.

Die Ergebnisse dieser Arbeit können dazu beitragen, die Anwendung des Halbwarmfließpressens von Stahl in der industriellen Fertigung zu erleichtern. Sie ermöglichen durch gezielte Auswahl der Verfahrensparameter einen bestmöglichen Einsatz des Verfahrens.

10 Bilder, Tabellen

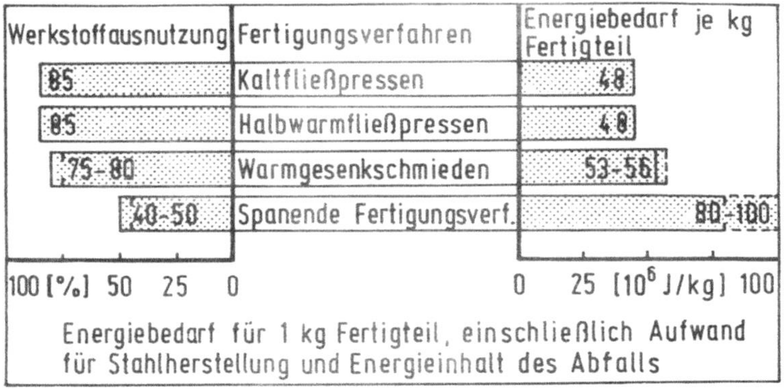

Bild 1: Energiebedarf verschiedener Fertigungsverfahren unter Berücksichtigung der Werkstoffausnutzung [1].

Kostenart	Kalt-fließpressen	Halbwarm-fließpressen	Gesenkschmieden
Maschinenkosten	1,20	1,00	0,90
Wärmkosten bzw. Oberflächenbehandl.	2,00	1,00	1,00
Werkzeugkosten	1,10	1,00	0,70
Werkzeugverschleiß	0,70	1,00	1,30
Werkstoffkosten	0,80	1,00	1,00

Bild 2: Wirtschaftlichkeit des Halbwarmfließpressens (Schätzwerte) [2].

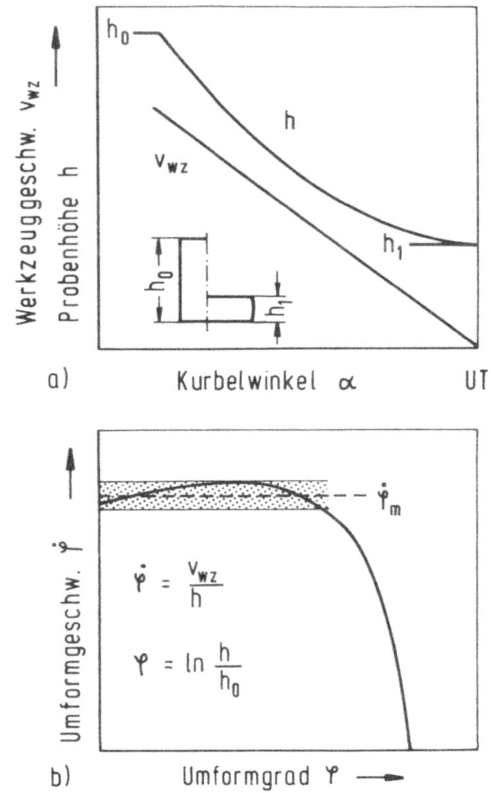

Bild 3: Abhängigkeit

a) der Werkzeuggeschwindigkeit und der Probenhöhe vom Kurbelwinkel,

b) der Umformgeschwindigkeit vom Umformgrad

beim Stauchen auf einer Kurbelpresse.

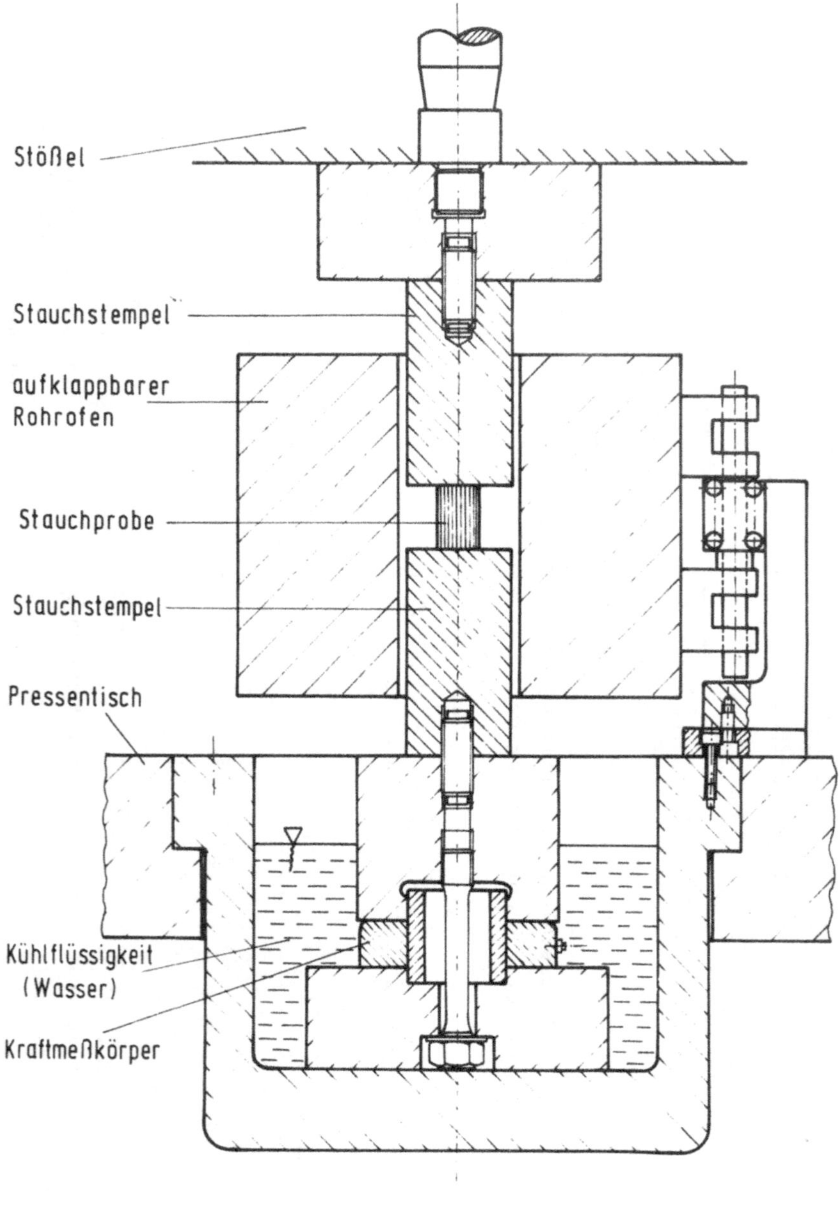

Bild 4: Stauchwerkzeug zur Aufnahme von Warmfließkurven.

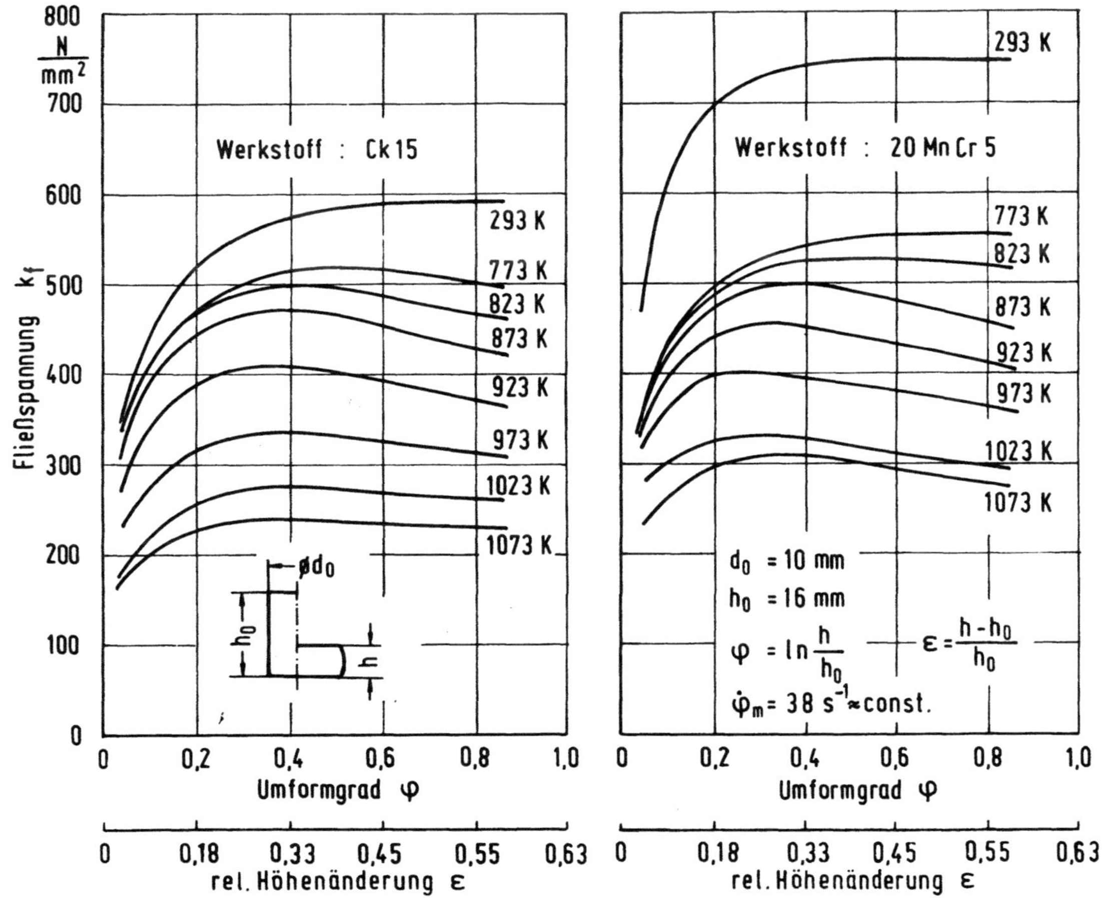

Bild 5: Fließkurven in Abhängigkeit von der Temperatur. Werkstoff: Ck15 und 20MnCr5.

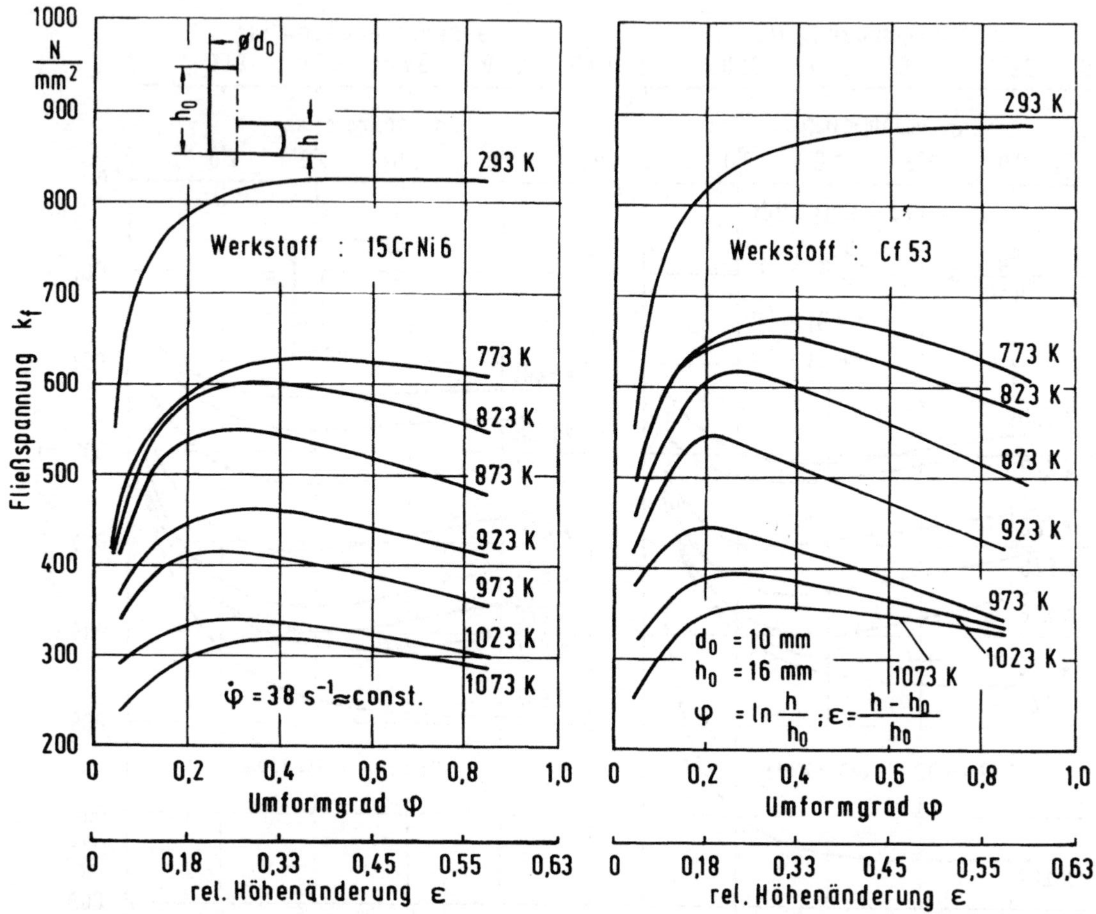

Bild 6: Fließkurven in Abhängigkeit von der Temperatur. Werkstoff 15CrNi6 und Cf53.

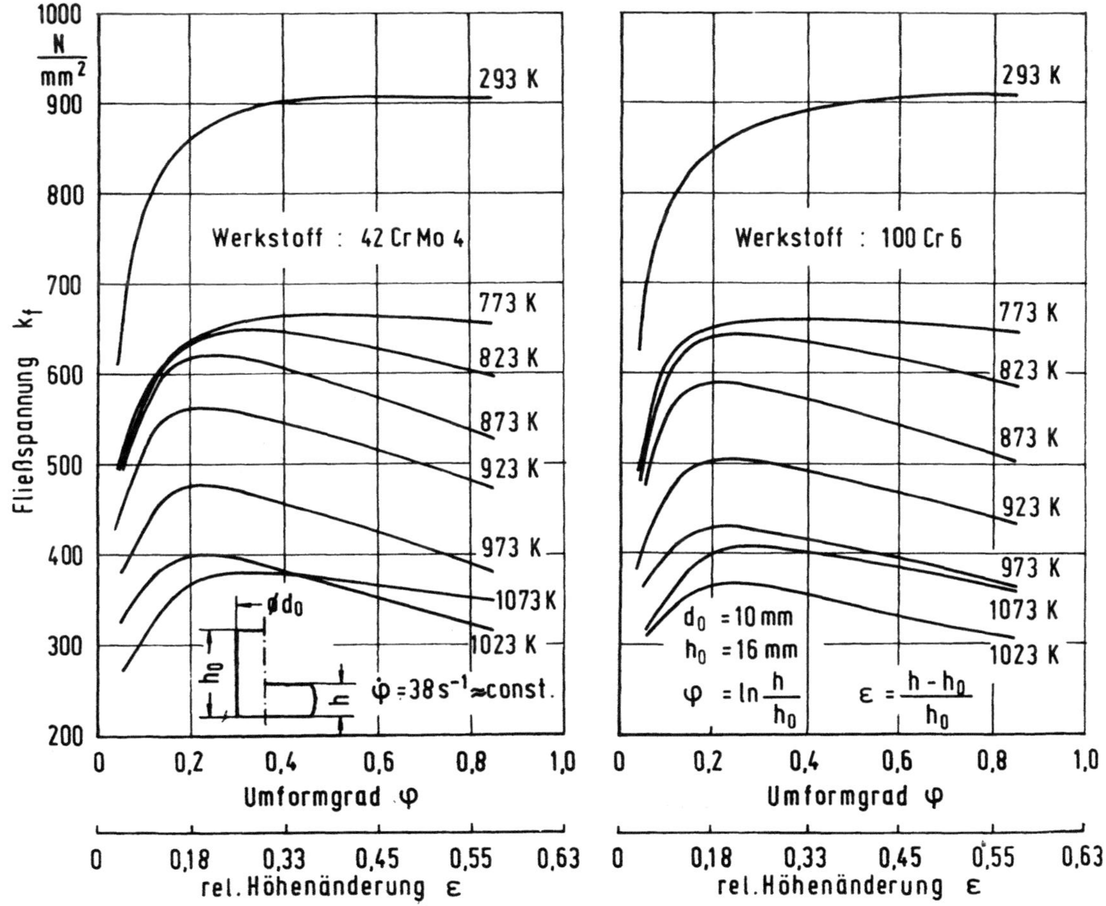

Bild 7: Fließkurven in Abhängigkeit von der Temperatur. Werkstoff 42CrMo4 und 100Cr6.

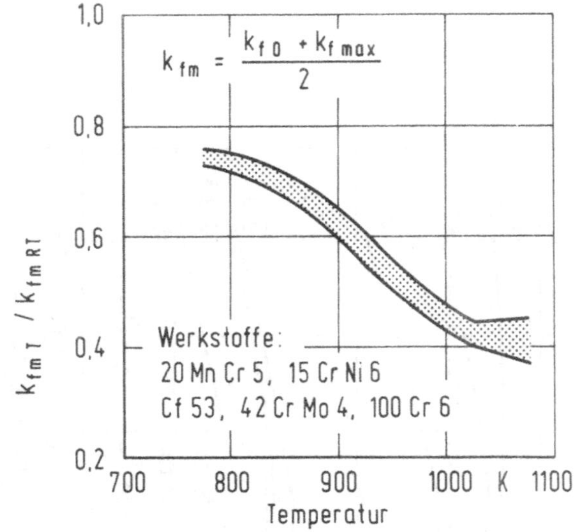

Bild 8: Veränderung der Fließspannung in Abhängigkeit von der Temperatur.

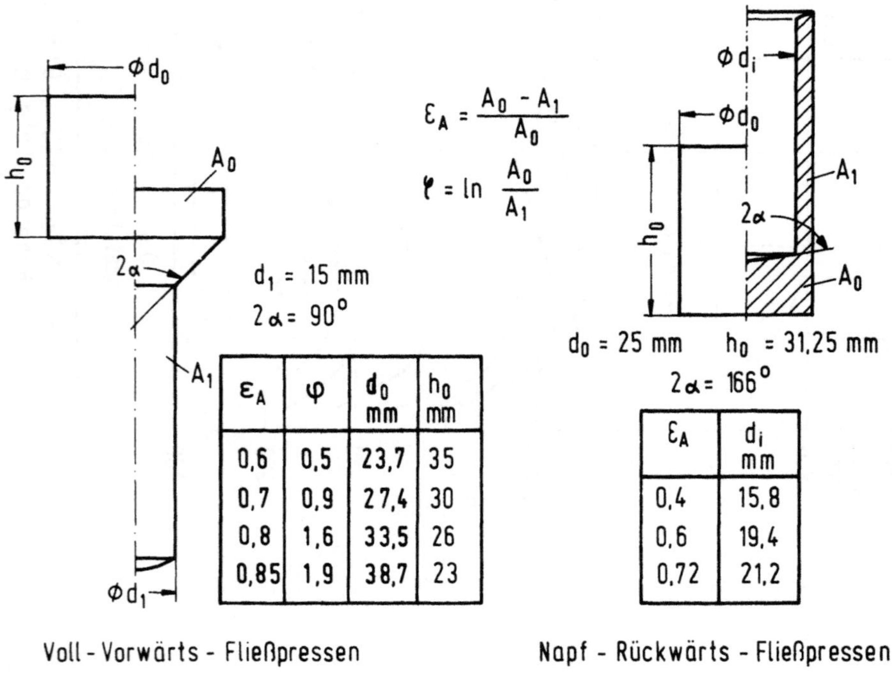

ε_A	φ	d_0 mm	h_0 mm
0,6	0,5	23,7	35
0,7	0,9	27,4	30
0,8	1,6	33,5	26
0,85	1,9	38,7	23

ε_A	d_i mm
0,4	15,8
0,6	19,4
0,72	21,2

Bild 9: Bezeichnungen an Rohteil und Werkstück, Abmessungen beim Voll-Vorwärts- und Napf-Rückwärts-Fließpressen.

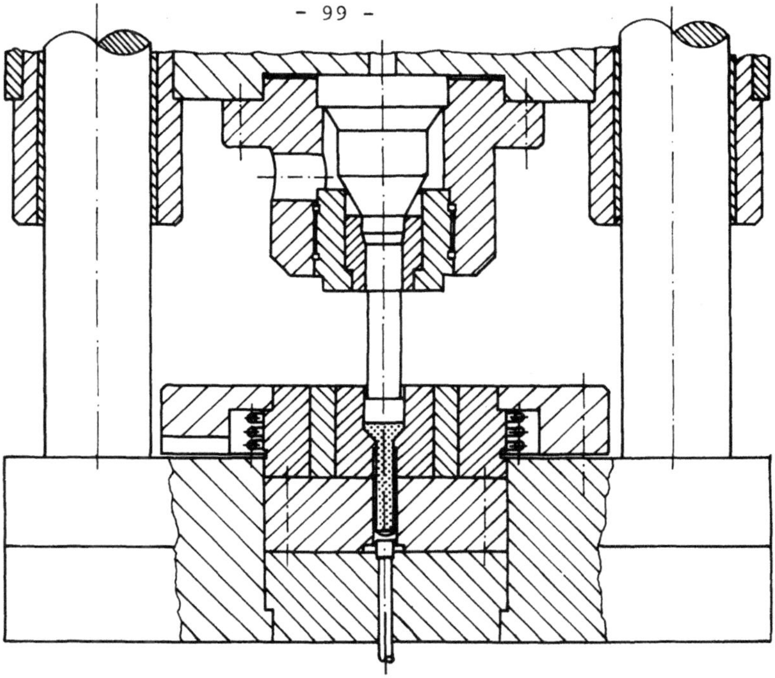

Bild 10: Werkzeug für das Voll-Vorwärts-Fließpressen.

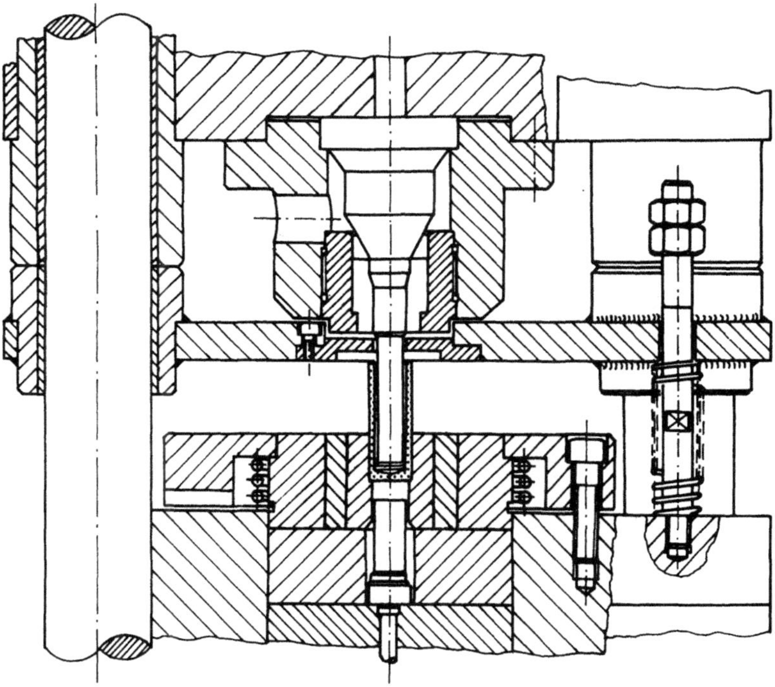

Bild 11: Werkzeug für das Napf-Rückwärts-Fließpressen.

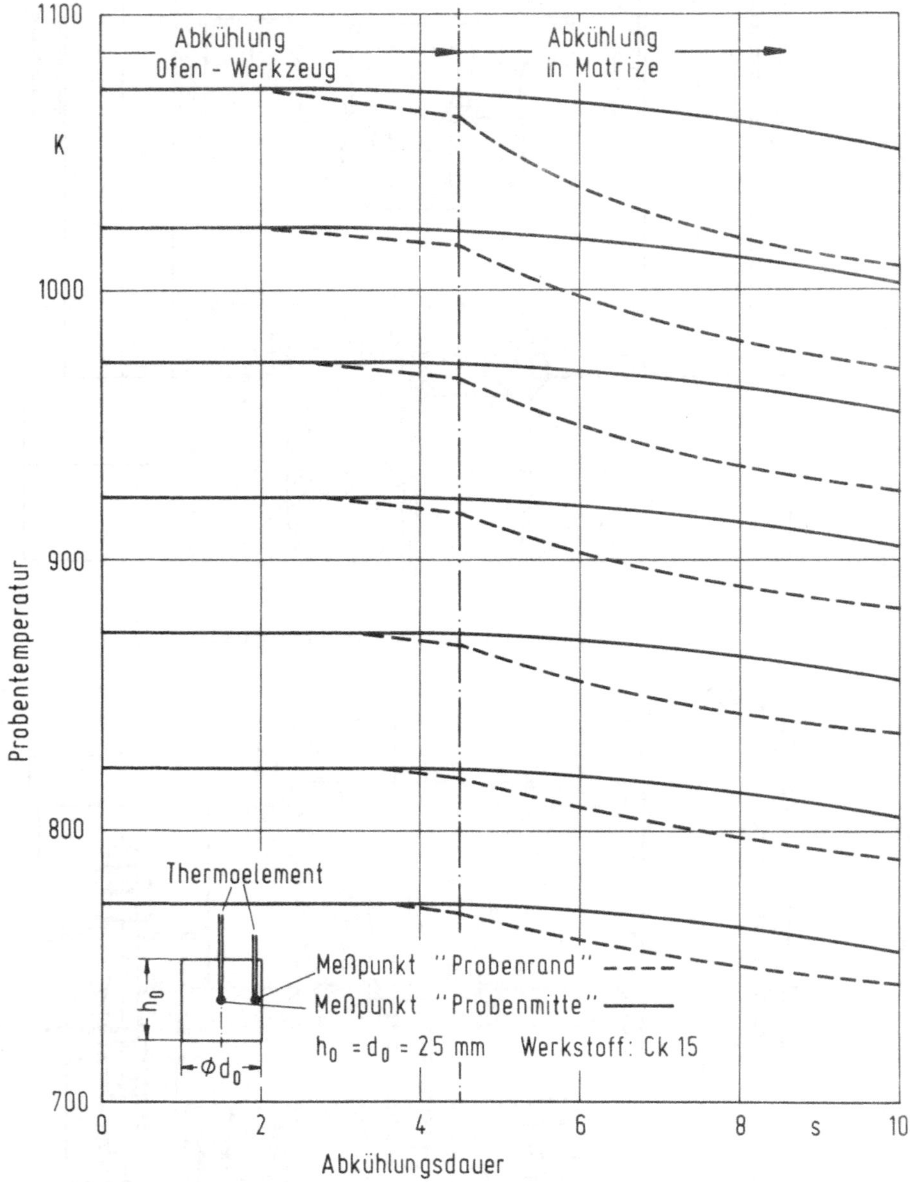

Bild 12: Abkühlung der Rohteile in Abhängigkeit von der Abkühlungsdauer.

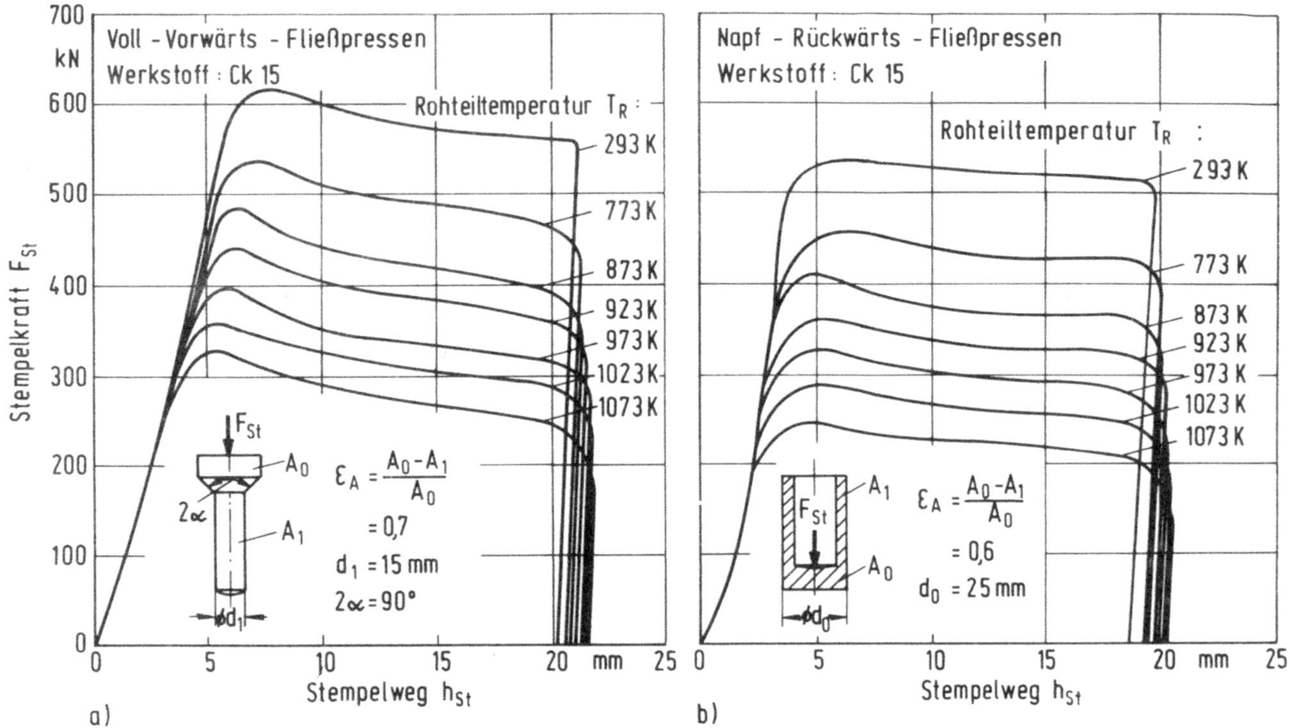

Bild 13: Kraft-Weg-Verlauf in Abhängigkeit von der Temperatur.
a) Voll-Vorwärts-Fließpressen,
b) Napf-Rückwärts-Fließpressen.

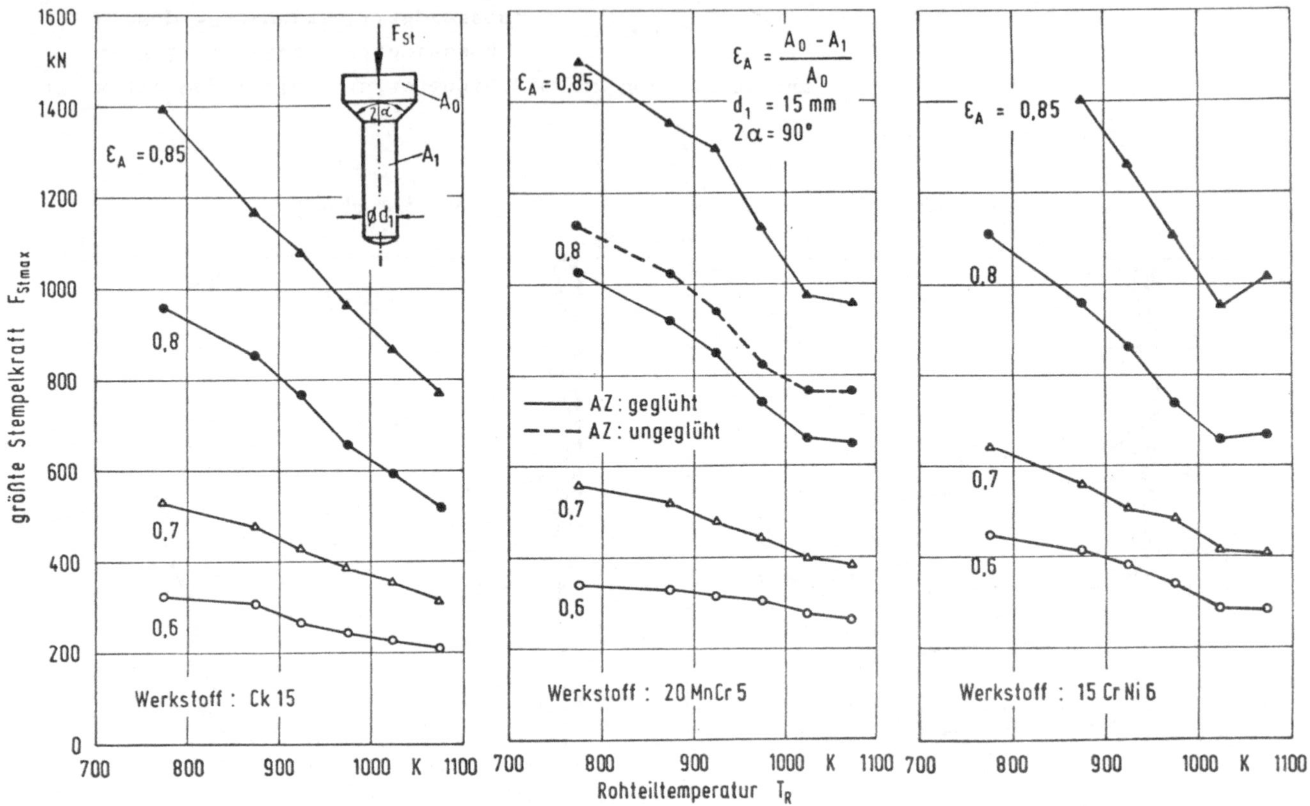

Bild 14: Größte Stempelkraft in Abhängigkeit von der Temperatur und der rel. Querschnittsänderung beim Voll-Vorwärts-Fließpressen. Werkstoff: Ck15, 20MnCr5 und 15CrNi6.

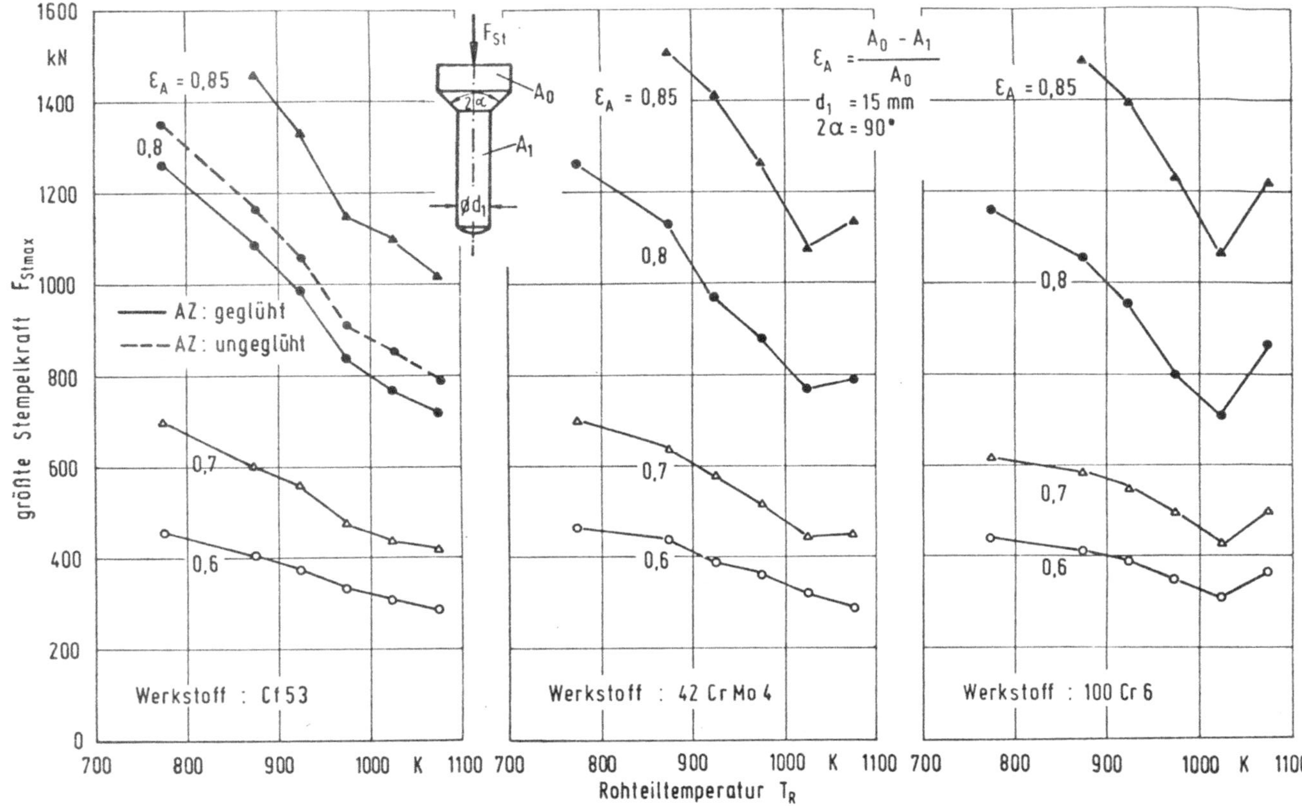

Bild 15: Größte Stempelkraft in Abhängigkeit von der Temperatur und der rel. Querschnittsänderung beim Voll-Vorwärts-Fließpressen. Werkstoff: Cf53, 42CrMo4 und 100Cr6.

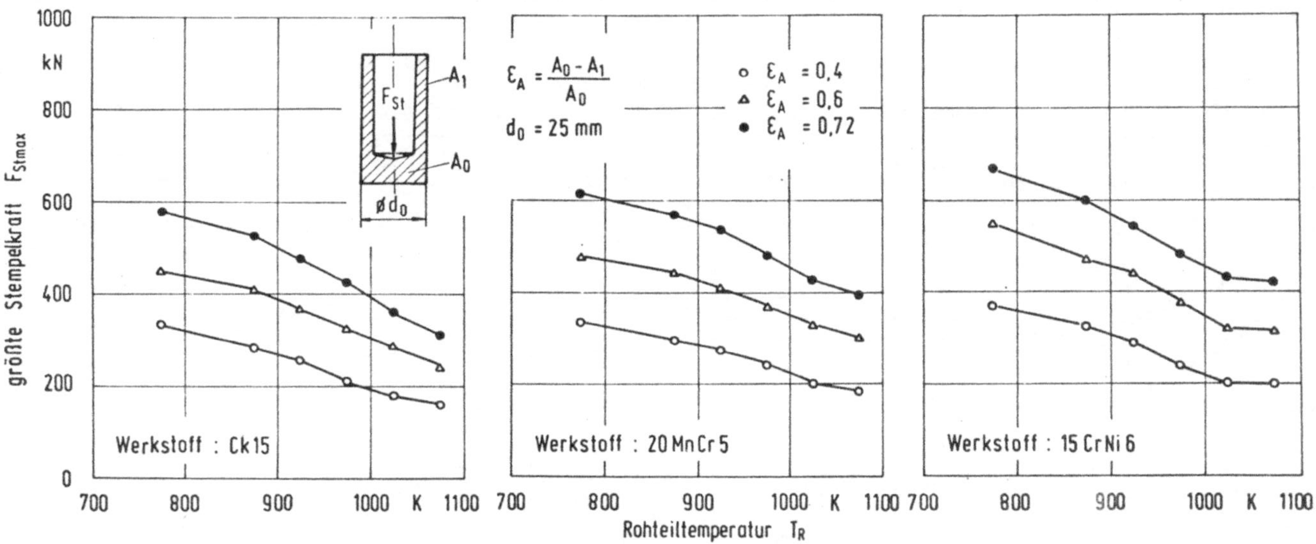

Bild 16: Größte Stempelkraft in Abhängigkeit von der Temperatur und der rel. Querschnittsänderung beim Napf-Rückwärts-Fließpressen. Werkstoff: Ck15, 20MnCr5 und 15CrNi6.

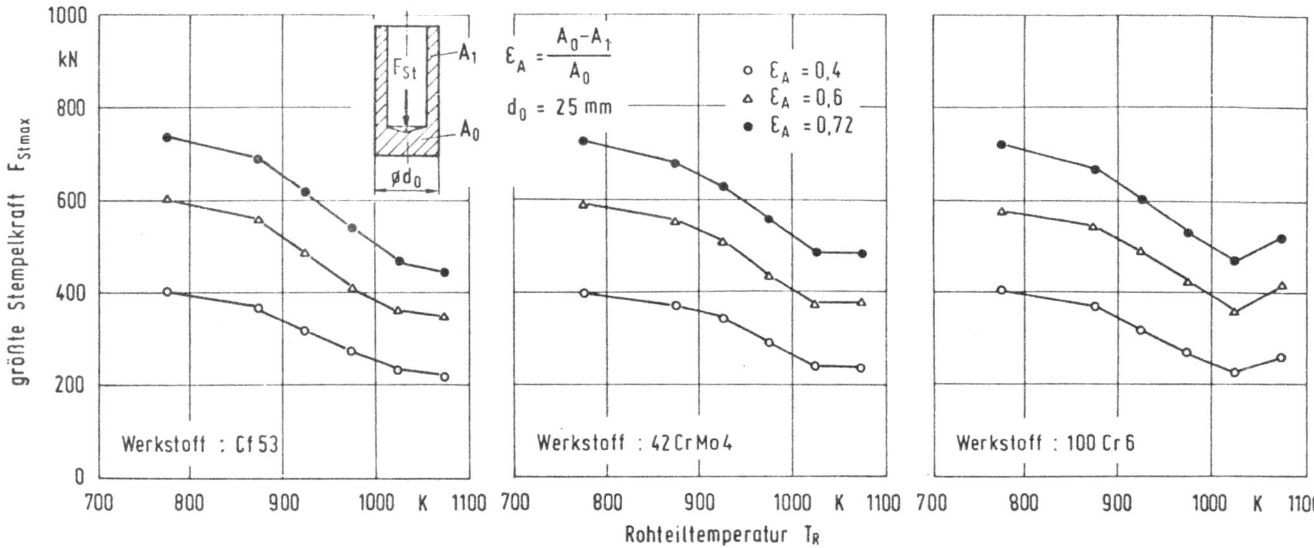

Bild 17: Größte Stempelkraft in Abhängigkeit von der Temperatur und der rel. Querschnittsänderung beim Napf-Rückwärts-Fließpressen. Werkstoff: Cf53, 42CrMo4 und 100Cr6.

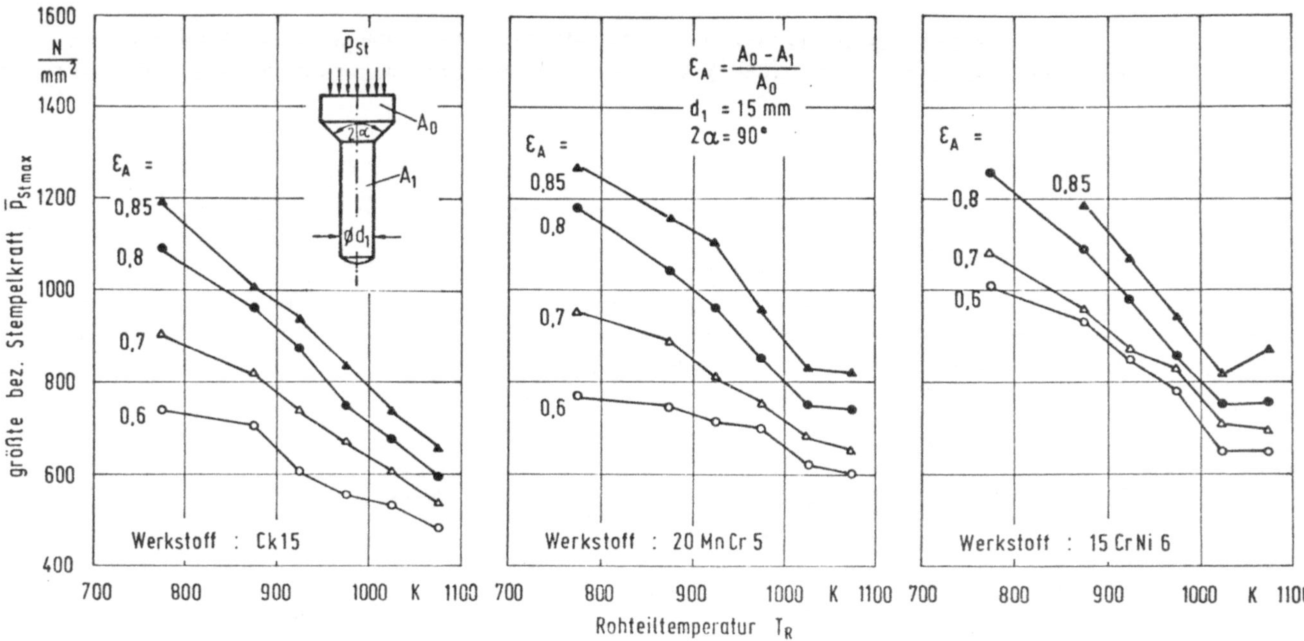

Bild 18: Größte bezogene Stempelkraft in Abhängigkeit von der Temperatur und der rel. Querschnittsänderung beim Voll-Vorwärts-Fließpressen. Werkstoff: Ck15, 20MnCr5 und 15CrNi6.

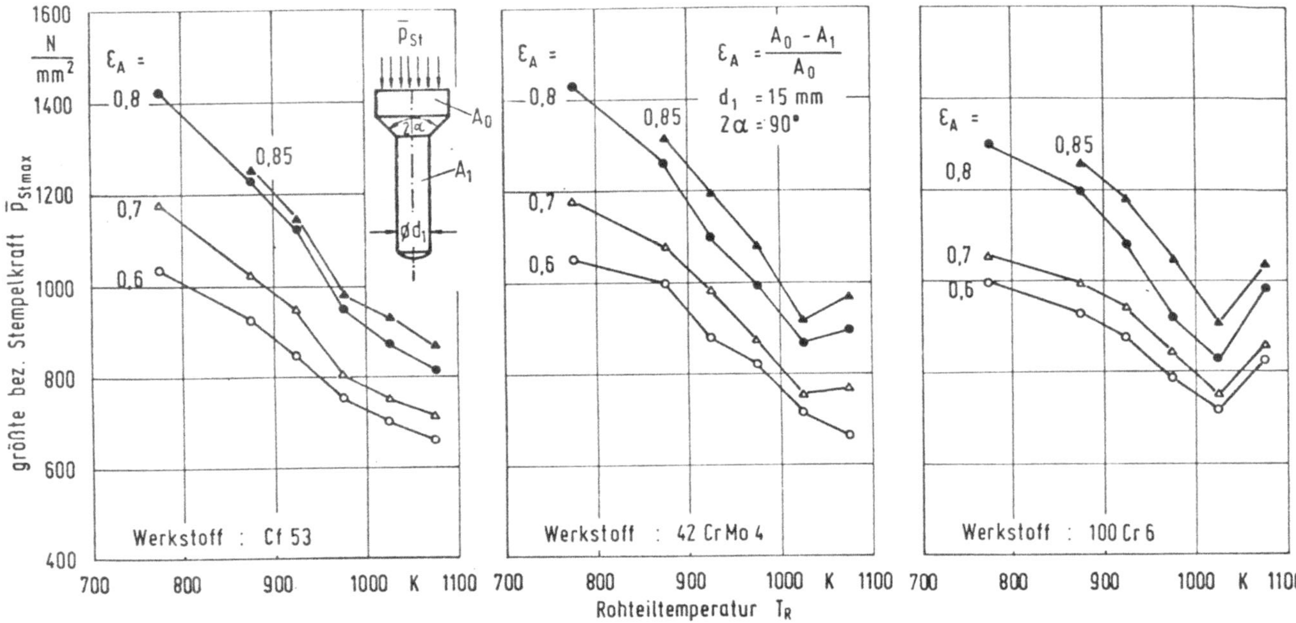

Bild 19: Größte bezogene Stempelkraft in Abhängigkeit von der Temperatur und der rel. Querschnittsänderung beim Voll-Vorwärts-Fließpressen. Werkstoff: Cf53, 42CrMo4 und 100Cr6.

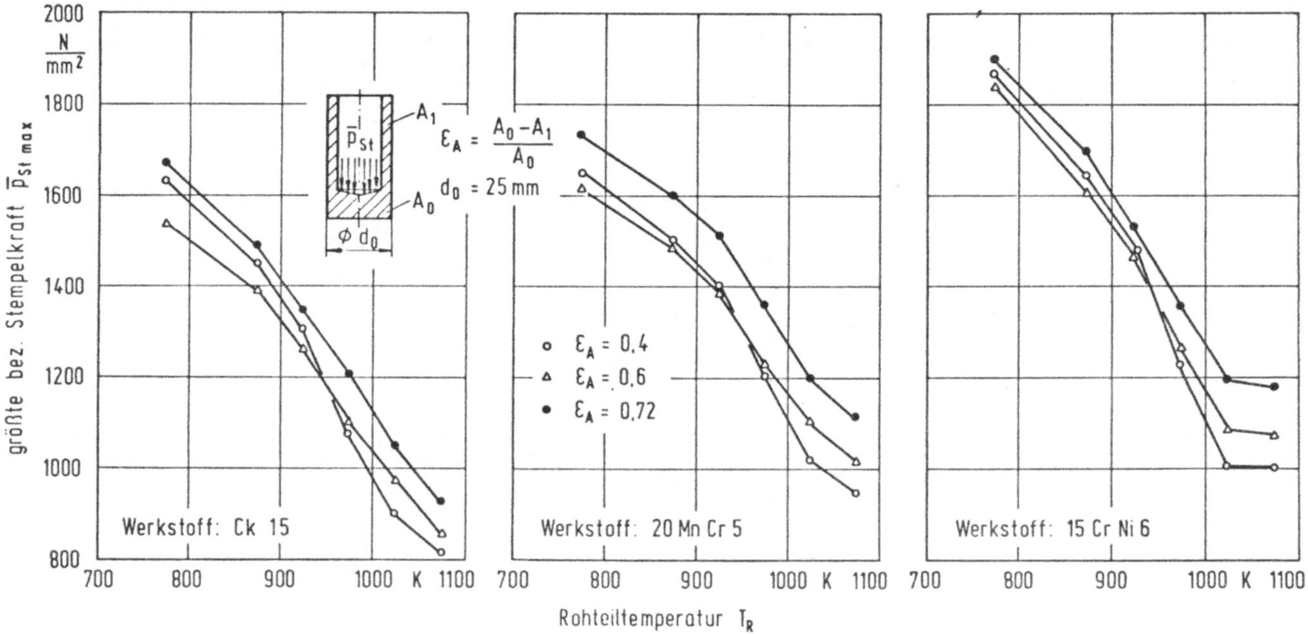

Bild 20: Größte bezogene Stempelkraft in Abhängigkeit von der Temperatur und der rel. Querschnittsänderung beim Napf-Rückwärts-Fließpressen. Werkstoff: Ck15, 20MnCr5 und 15CrNi6.

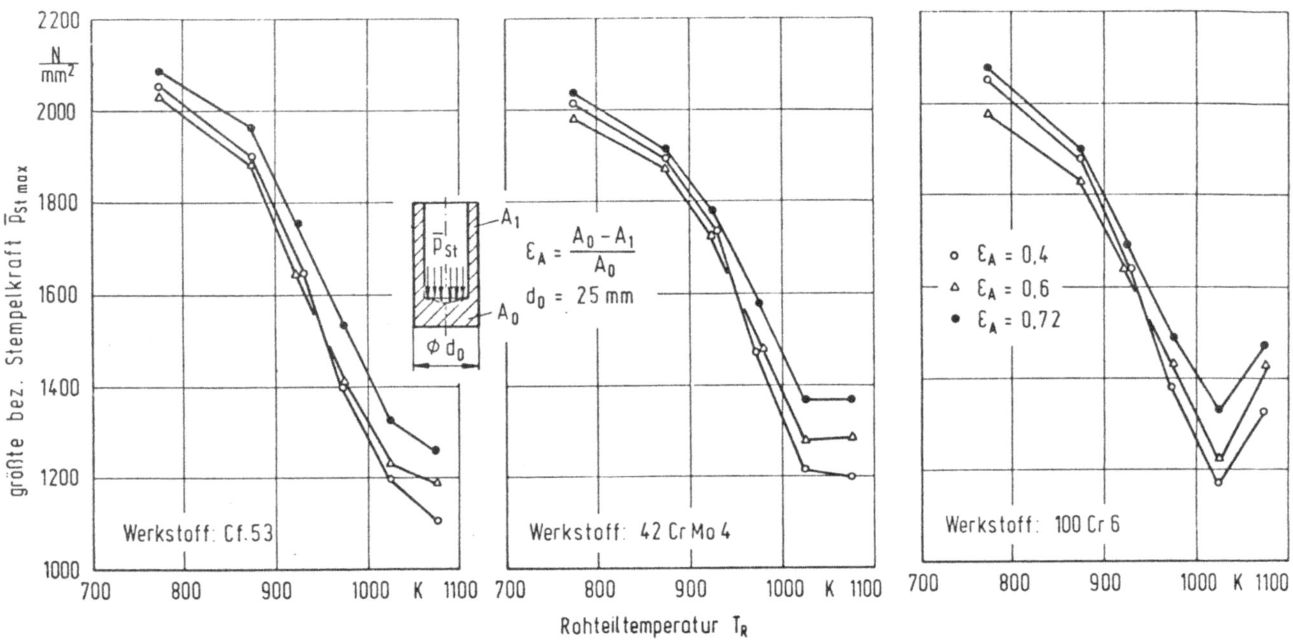

Bild 21: Größte bezogene Stempelkraft in Abhängigkeit von der Temperatur und der rel. Querschnittsänderung beim Napf-Rückwärts-Fließpressen. Werkstoff: Cf53, 42CrMo4 und 100Cr6.

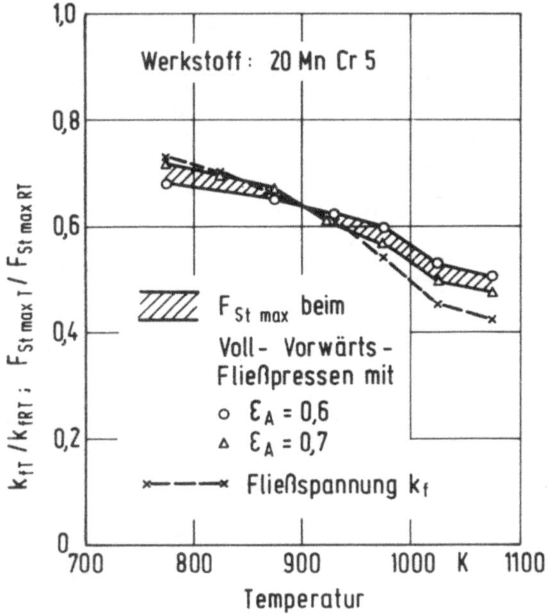

Bild 22: Relative Änderung der Stempelkraft beim Voll-Vorwärts-Fließpressen und der Fließspannung in Abhängigkeit von der Temperatur. Werkstoff: 20MnCr5.

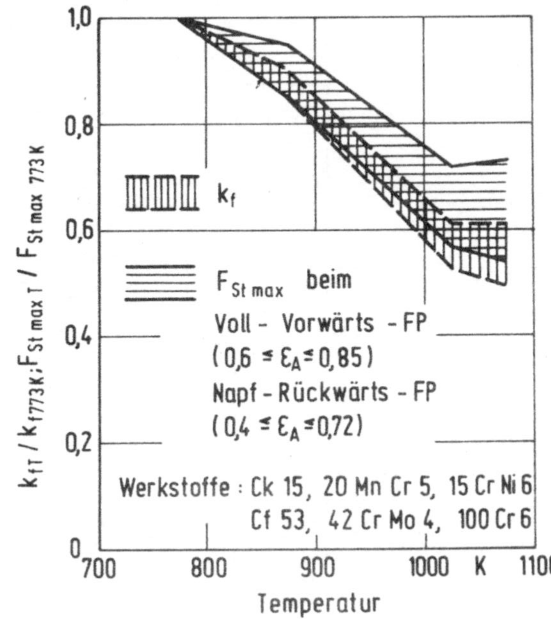

Bild 23: Relative Änderung der Stempelkraft und der Fließspannung in Abhängigkeit von der Temperatur. Voll-Vorwärts- und Napf-Rückwärts-Fließpressen mit verschiedenen Werkstoffen.

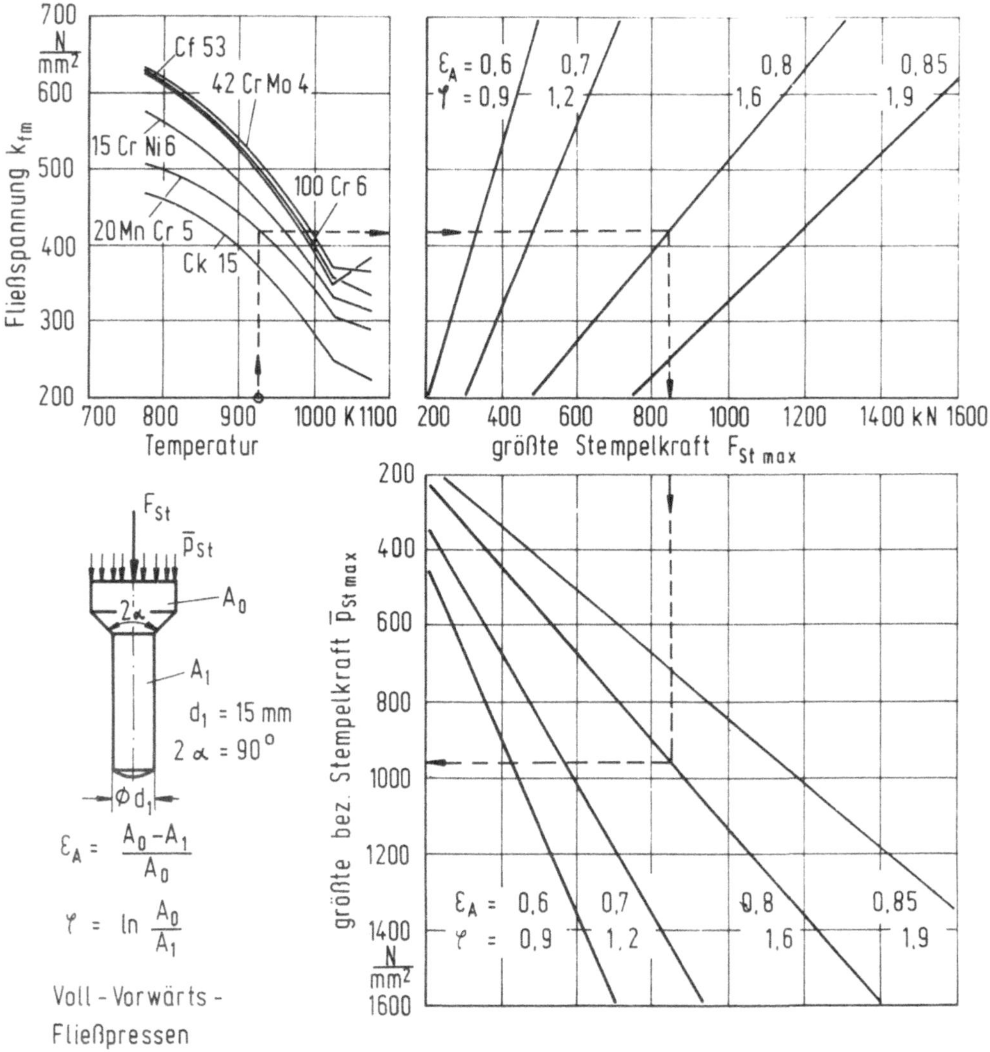

Bild 24: Nomogramm zur Ermittlung der größten Stempelkraft und der größten bezogenen Stempelkraft beim Voll-Vorwärts-Fließpressen.

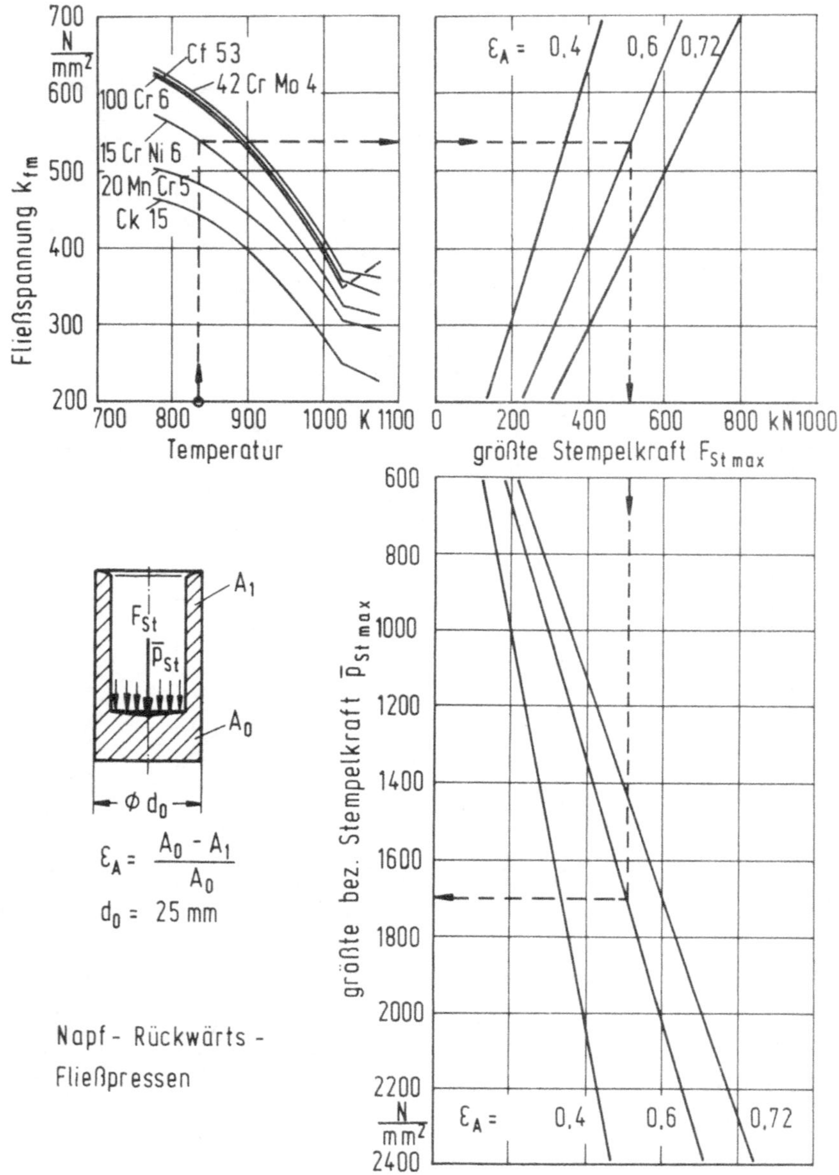

Bild 25: Nomogramm zur Ermittlung der größten Stempelkraft und der größten bezogenen Stempelkraft beim Napf-Rückwärts-Fließpressen.

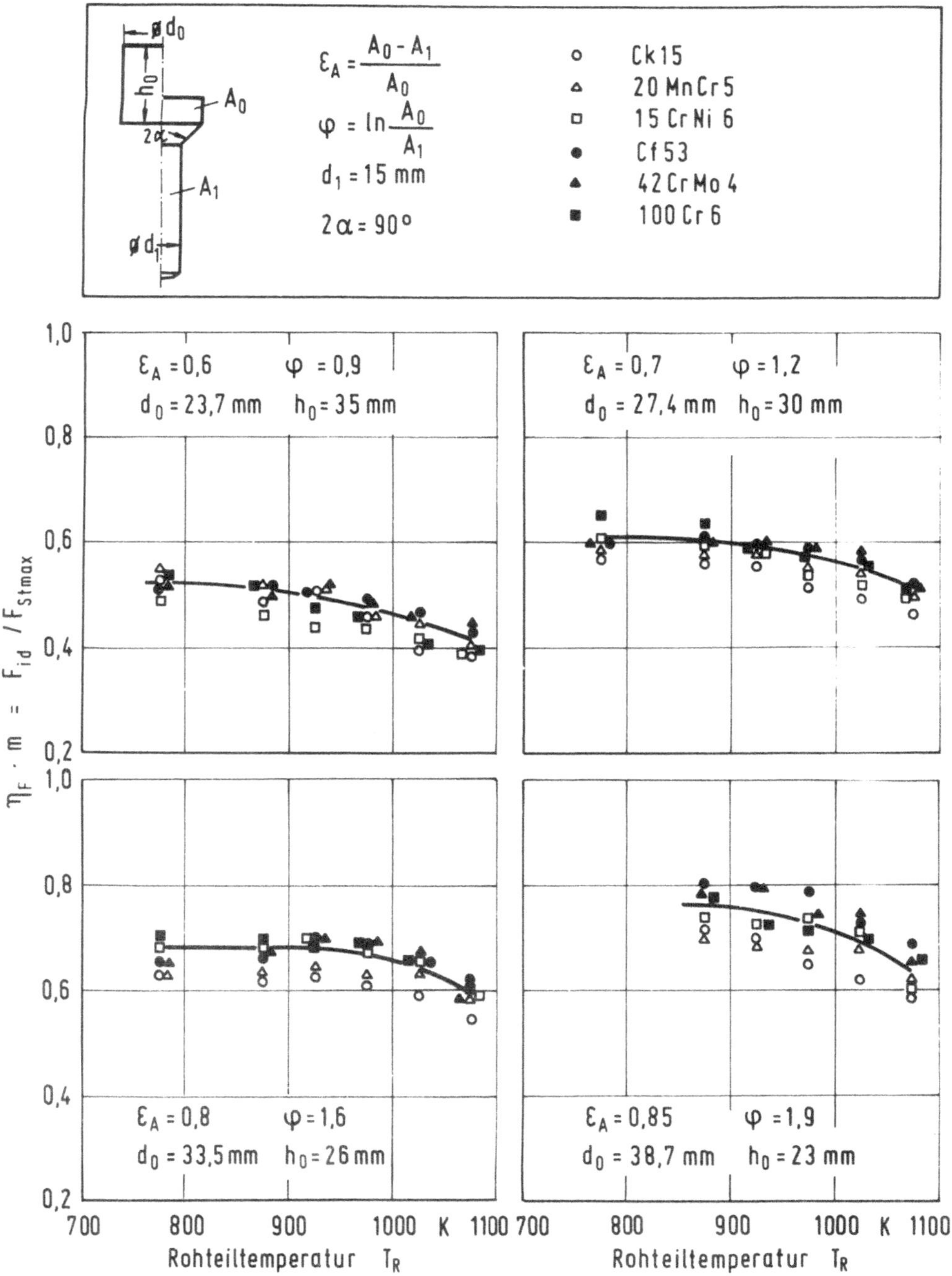

Bild 26: Produkt aus Umformwirkungsgrad η_F und Kraftverlauf-Korrekturbeiwert m beim Voll-Vorwärts-Fließpressen in Abhängigkeit von der Temperatur.

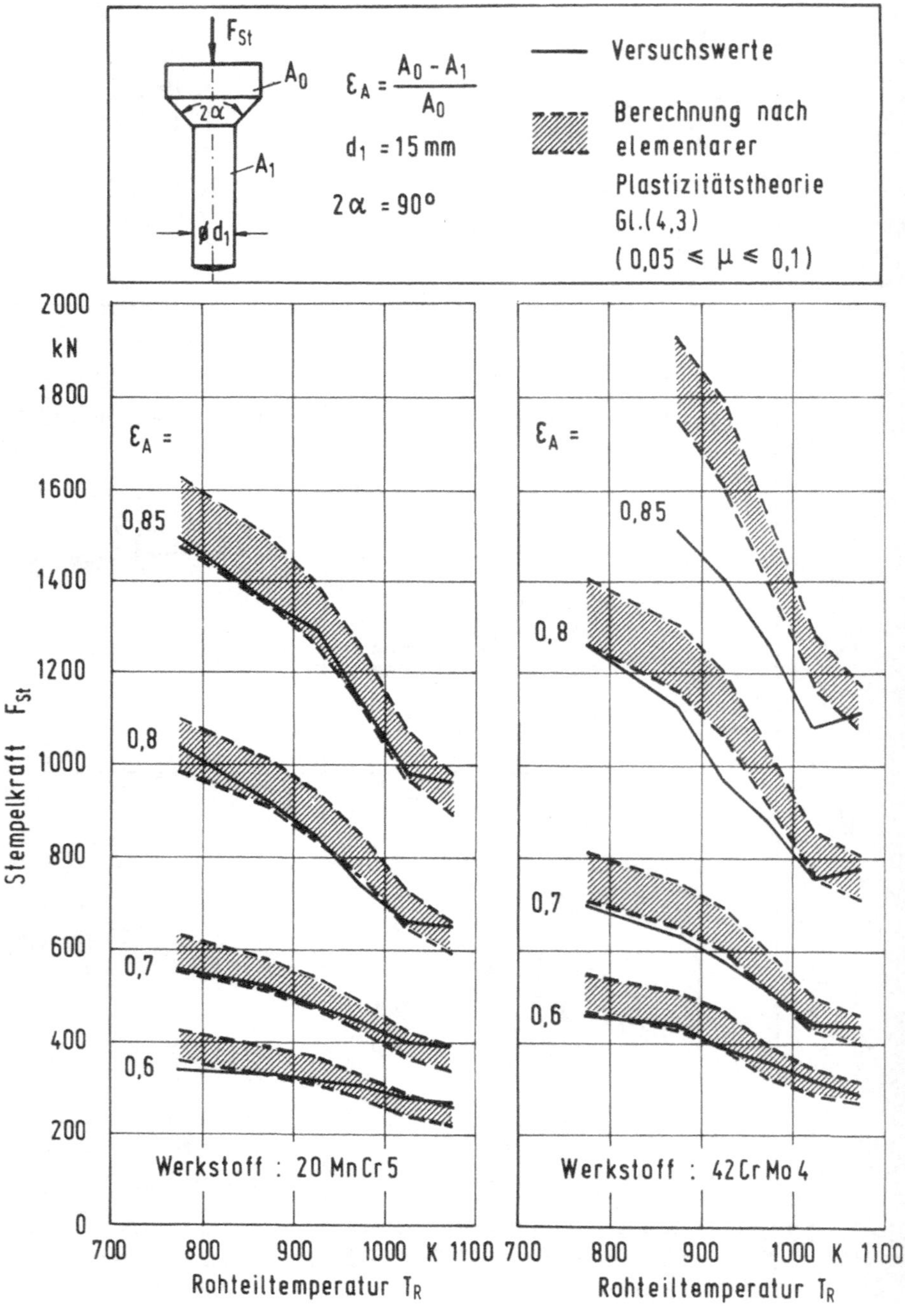

Bild 27: Vergleich von errechneten (nach Gl. 4,3) und gemessenen Stempelkräften beim Voll-Vorwärts-Fließpressen. Werkstoff: 20MnCr5 und 42CrMo4.

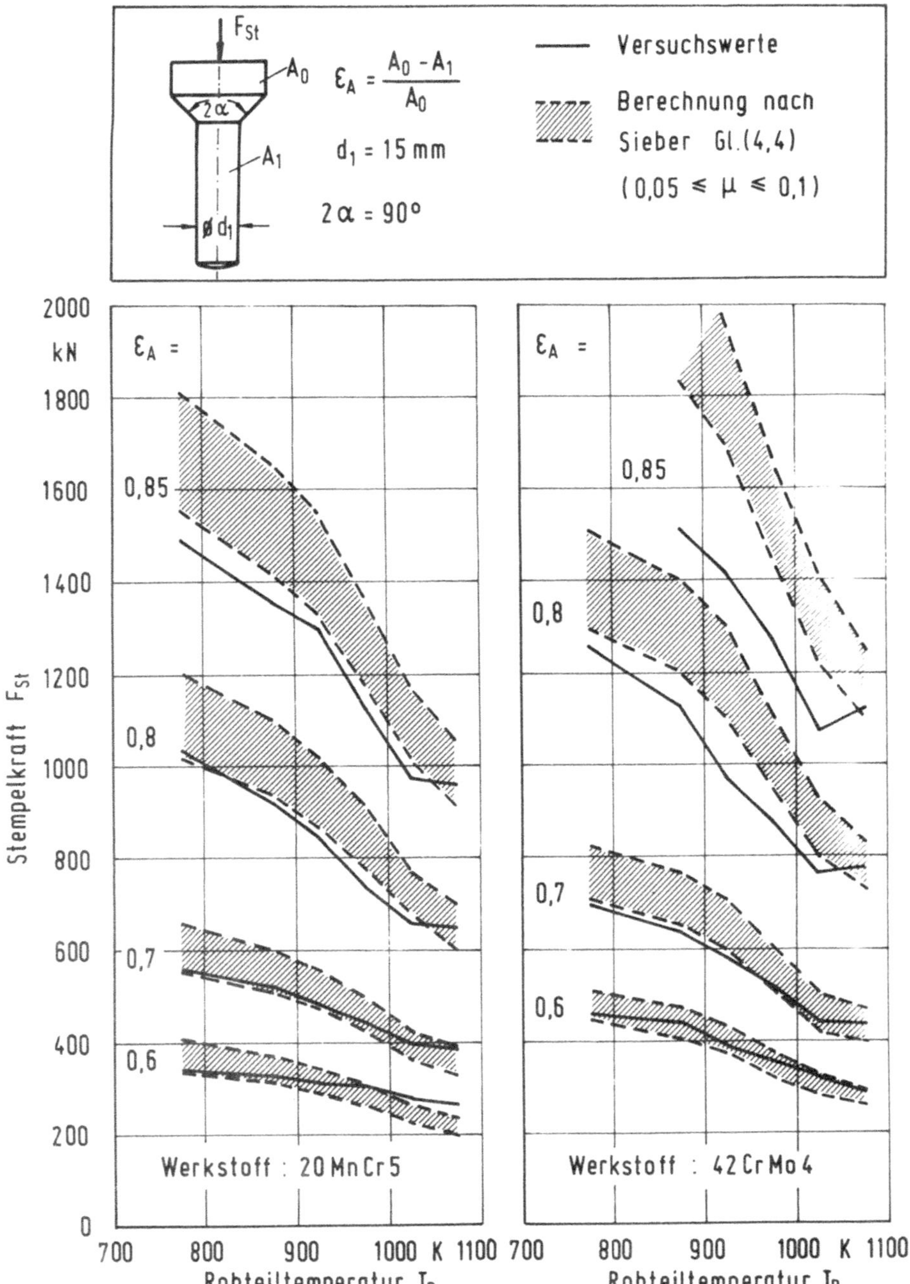

Bild 28: Vergleich von errechneten (nach Gl. 4,4) und gemessenen Stempelkräften beim Voll-Vorwärts-Fließpressen. Werkstoff: 20MnCr5 und 42CrMo4.

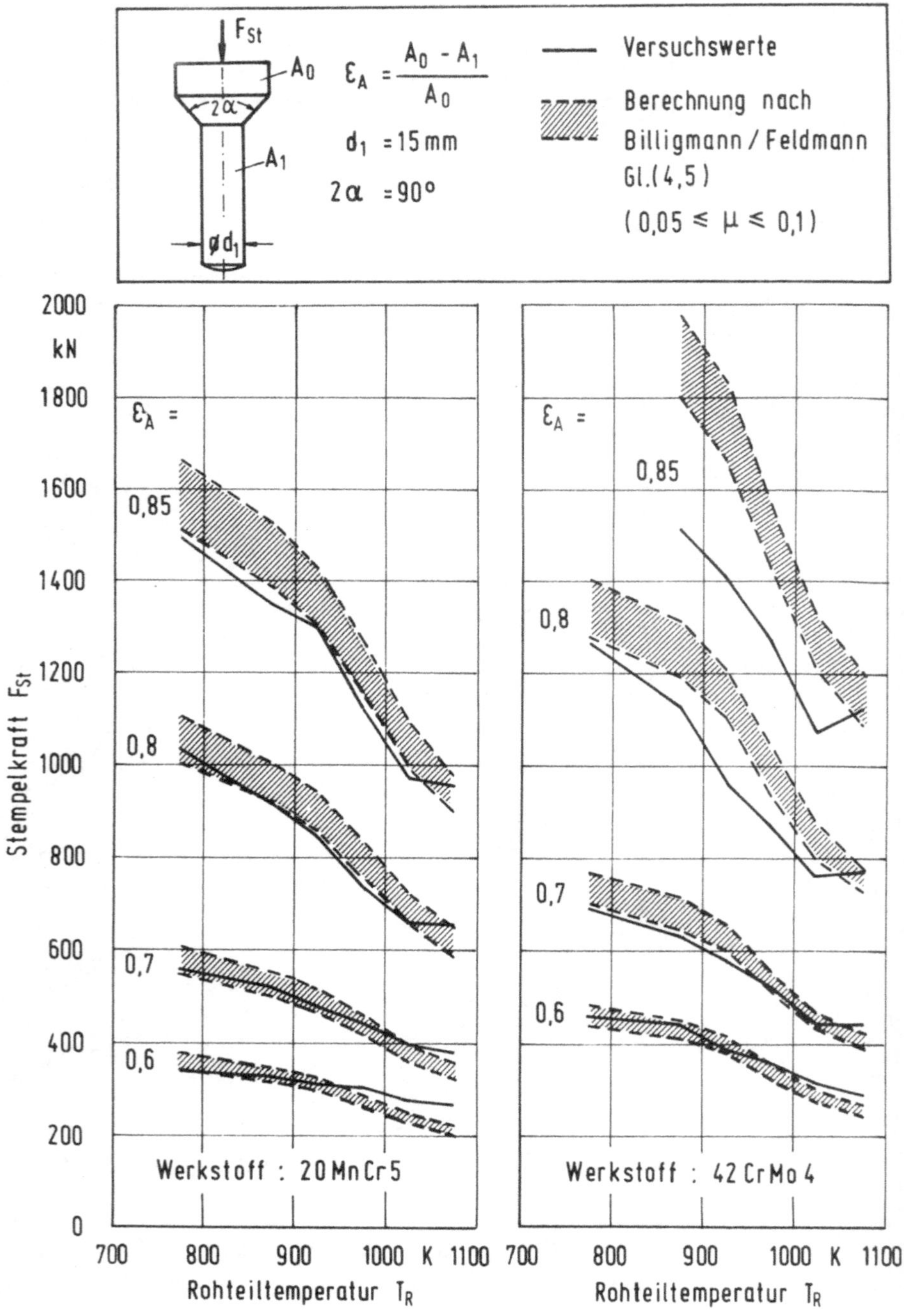

Bild 29: Vergleich von errechneten (nach Gl. 4,5) und gemessenen Stempelkräften beim Voll-Vorwärts-Fließpressen. Werkstoff: 20MnCr5 und 42CrMo4.

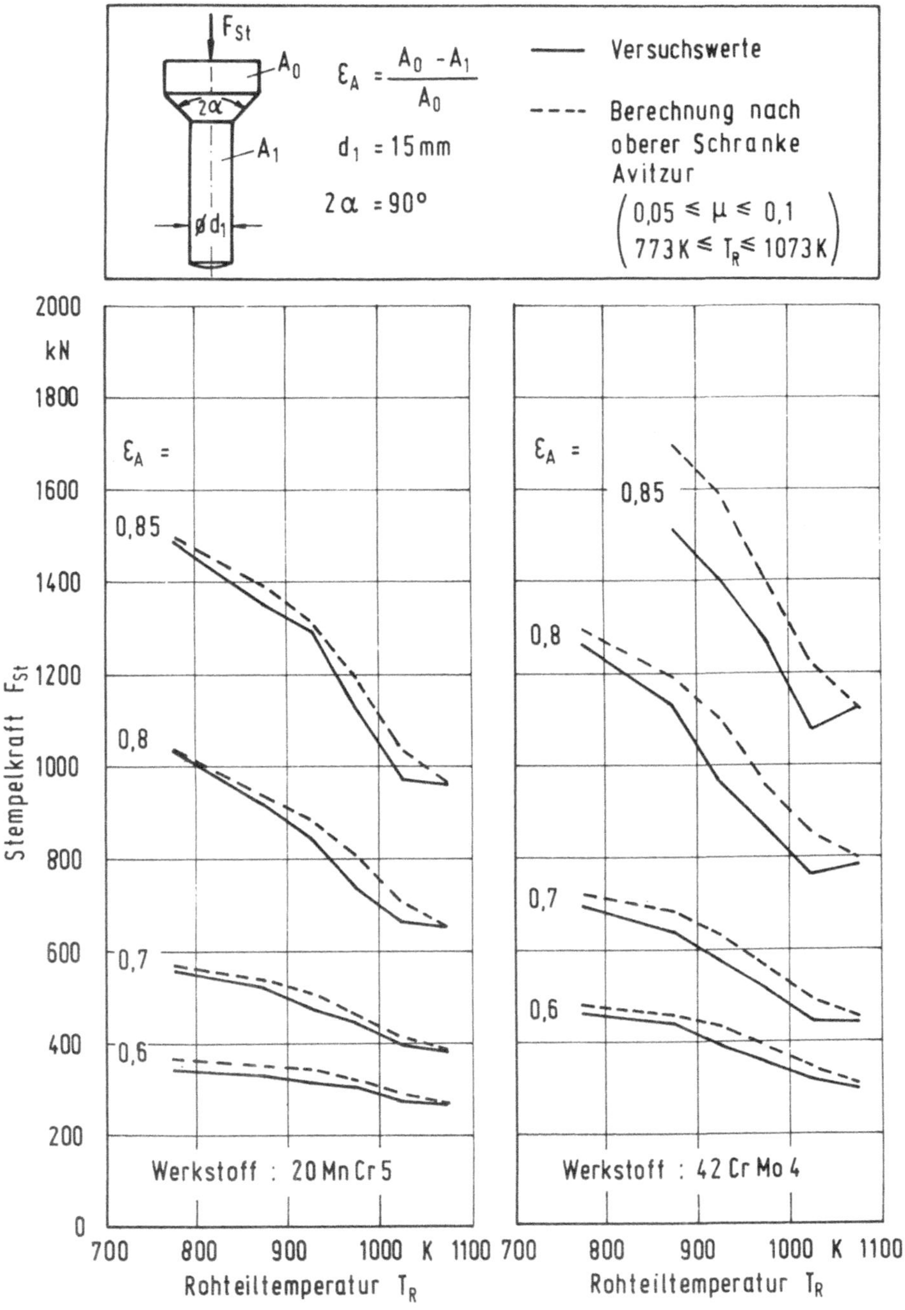

Bild 30: Vergleich von errechneten (obere Schranke nach Avitzur) und gemessenen Stempelkräften beim Voll-Vorwärts-Fließpressen. Werkstoff: 20MnCr5 und 42CrMo4.

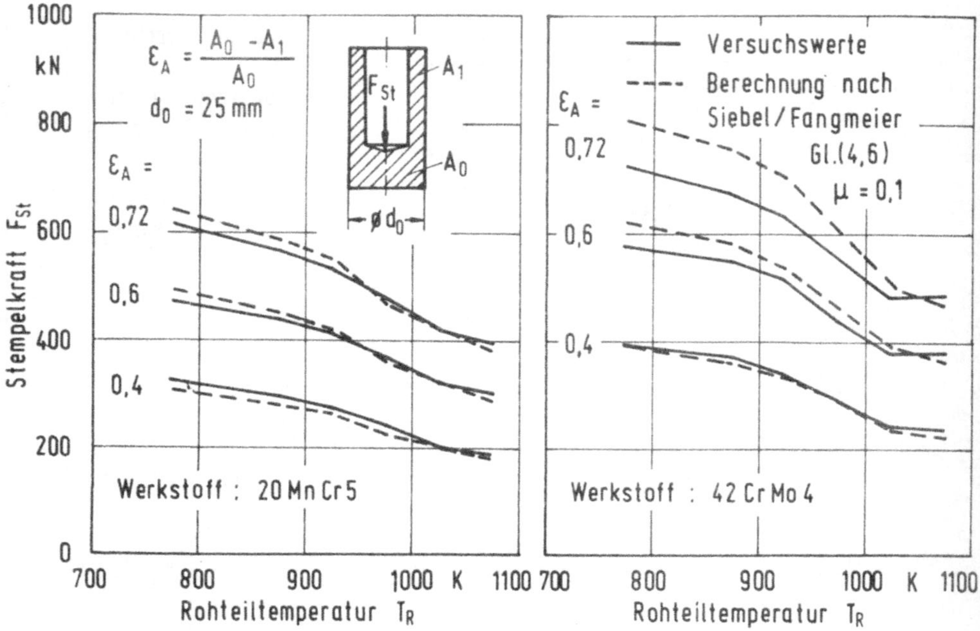

Bild 31: Vergleich von errechneten (nach Gl. 4,6) und gemessenen Stempelkräften beim Napf-Rückwärts-Fließpressen. Werkstoff: 20MnCr5 und 42CrMo4.

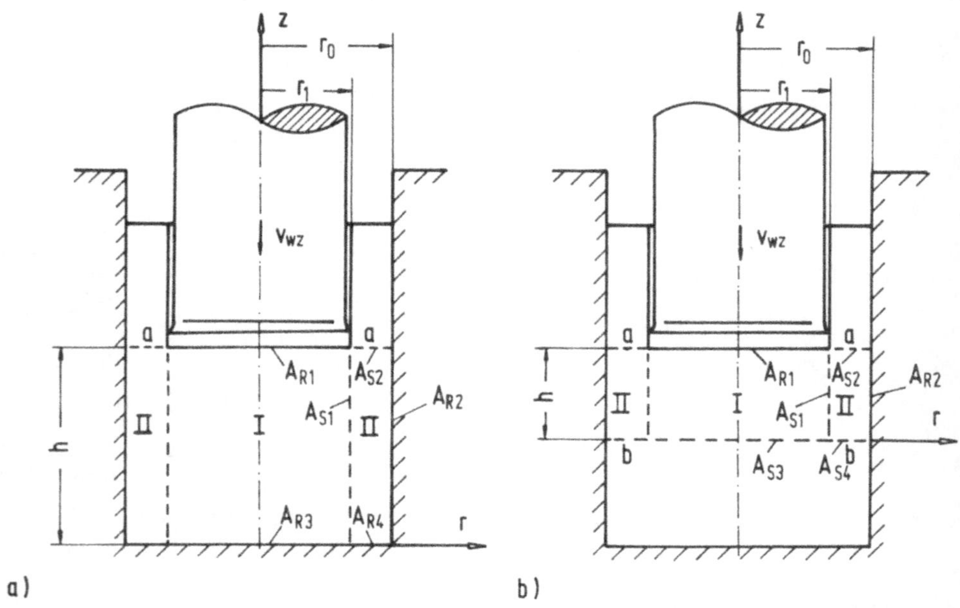

Bild 32: Stoffflußmodelle für das Napf-Rückwärts-Fließpressen
a) nach Steck [52]
b) mit begrenzter Umformzone.

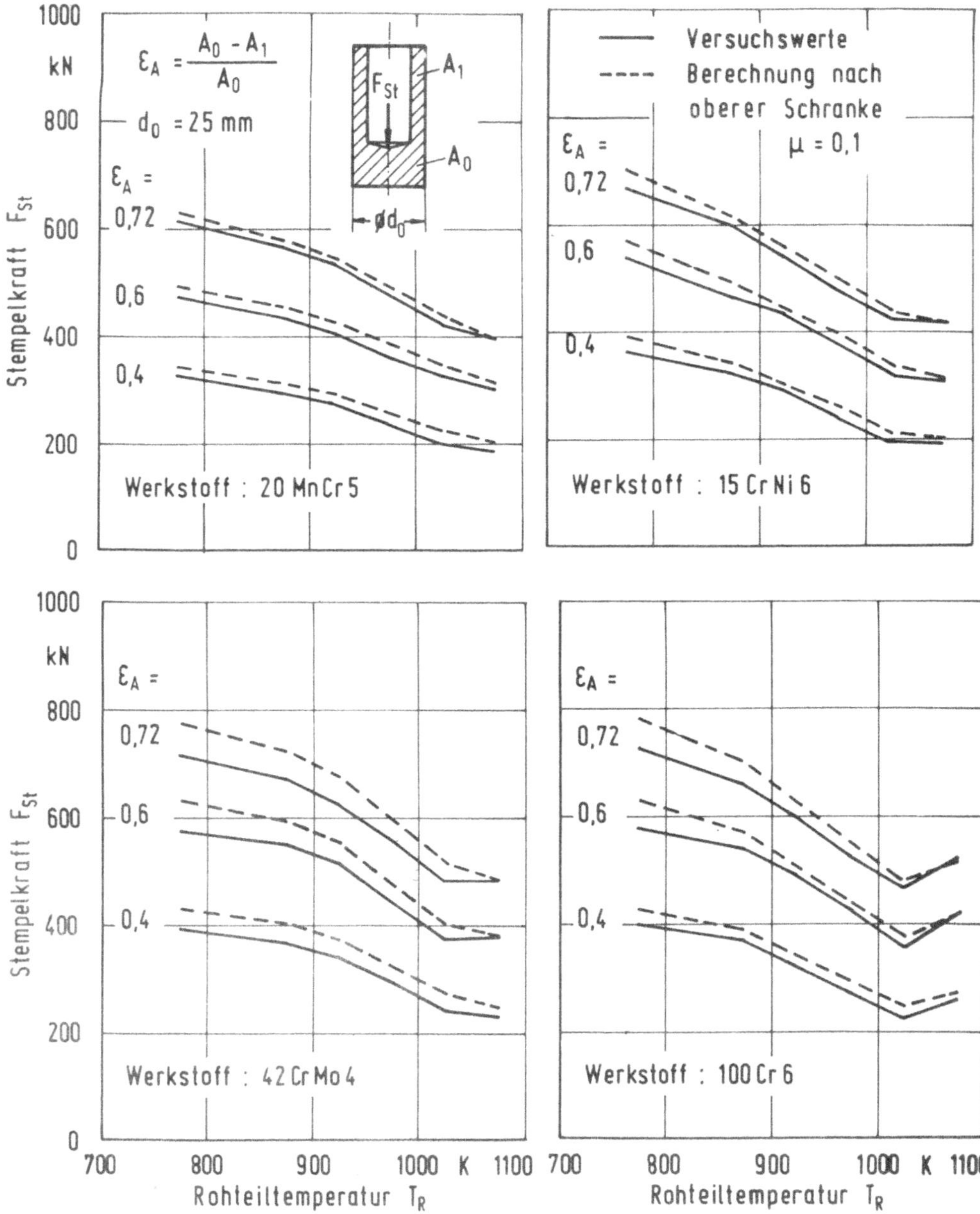

Bild 33: Vergleich von errechneten (obere Schranke mit begrenzter Umformzone) und gemessenen Stempelkräften beim Napf-Rückwärts-Fließpressen. Werkstoff: 20MnCr5, 15CrNi6, 42CrMo4 und 100Cr6.

Werkstoff : 20MnCr5 $\varepsilon_A = 0{,}6$ $\varphi = 0{,}9$

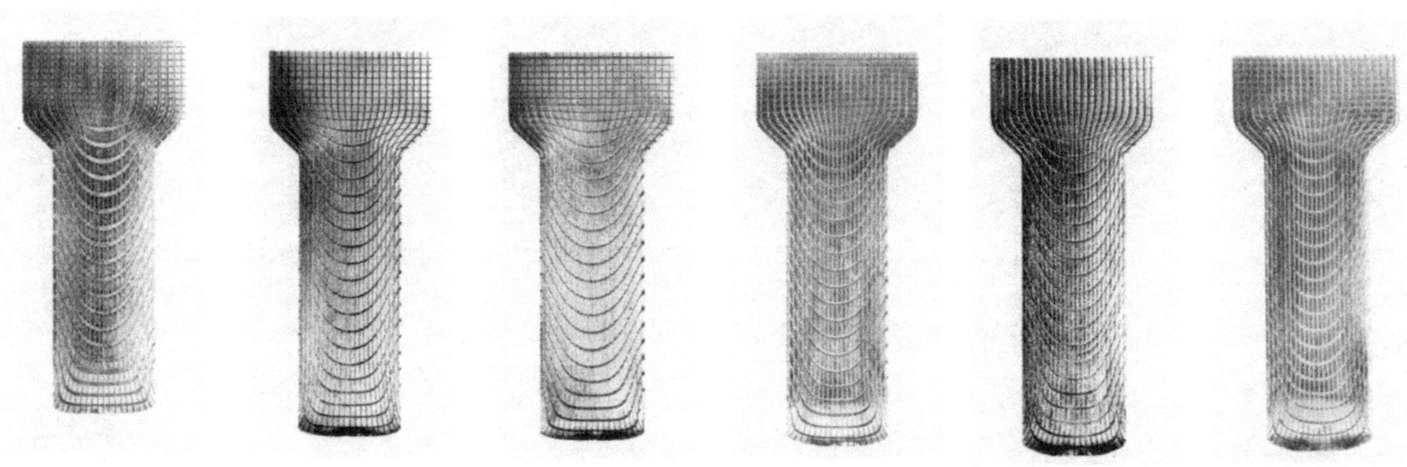

Rohteiltemperatur T_R :

293K	773K	873K	973K	1023K	1073K
20°C	500°C	600°C	700°C	750°C	800°C

Bild 34: Werkstofffluß beim Voll-Vorwärts-Fließpressen in Abhängigkeit von der Temperatur.

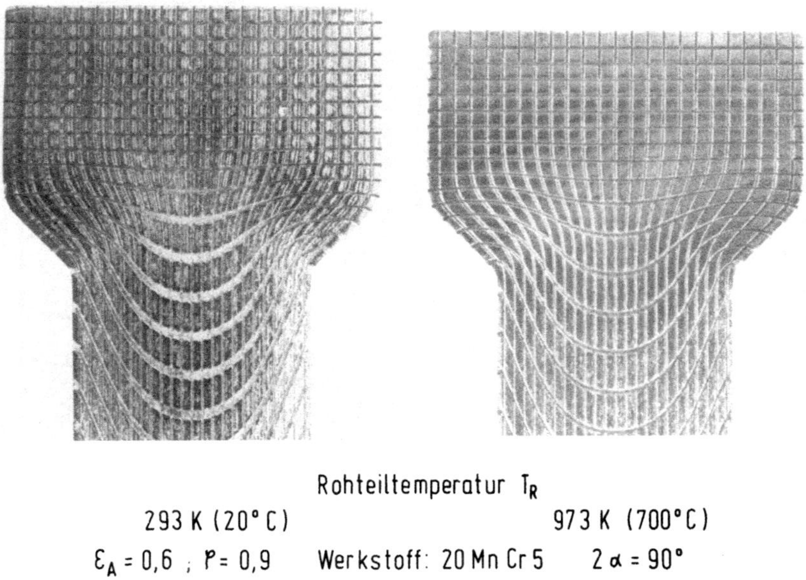

Bild 35: Werkstofffluß beim Voll-Vorwärts-Fließpressen im Bereich der Umformzone.

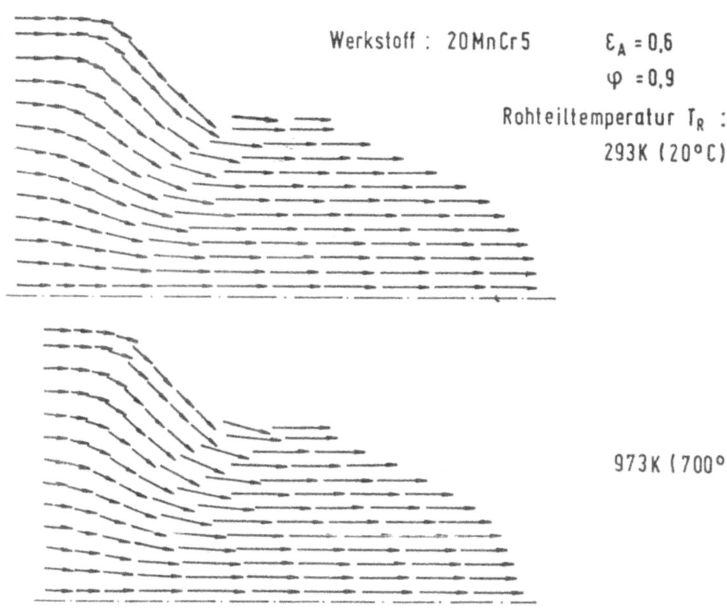

Bild 36: Geschwindigkeitsfeld beim Voll-Vorwärts-Fließpressen.

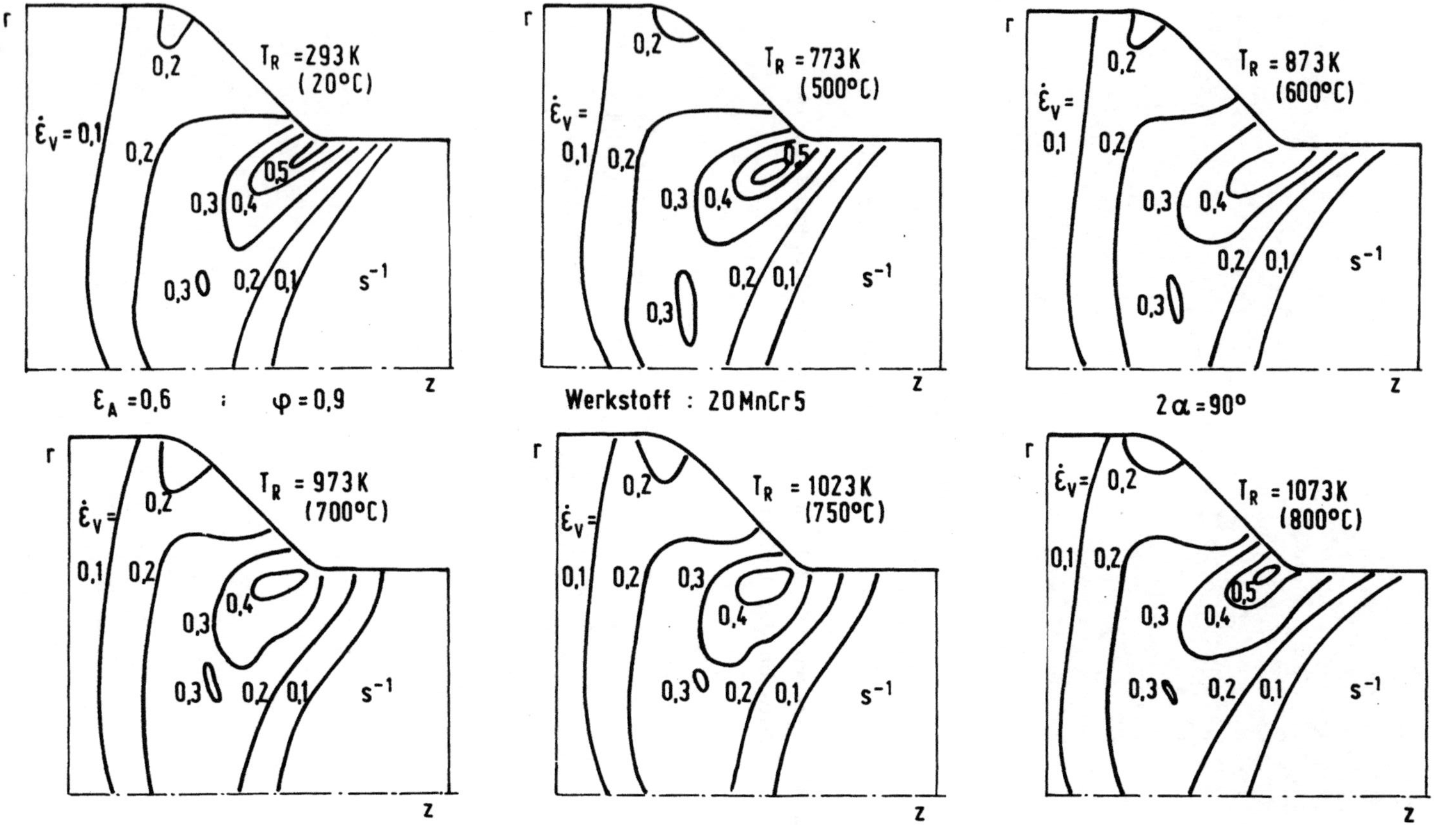

Bild 37: Verteilung der Vergleichsformänderungsgeschwindigkeiten (normiert auf v_{St} = 1 mm/s) beim Voll-Vorwärts-Fließpressen mit unterschiedlichen Rohteiltemperaturen.

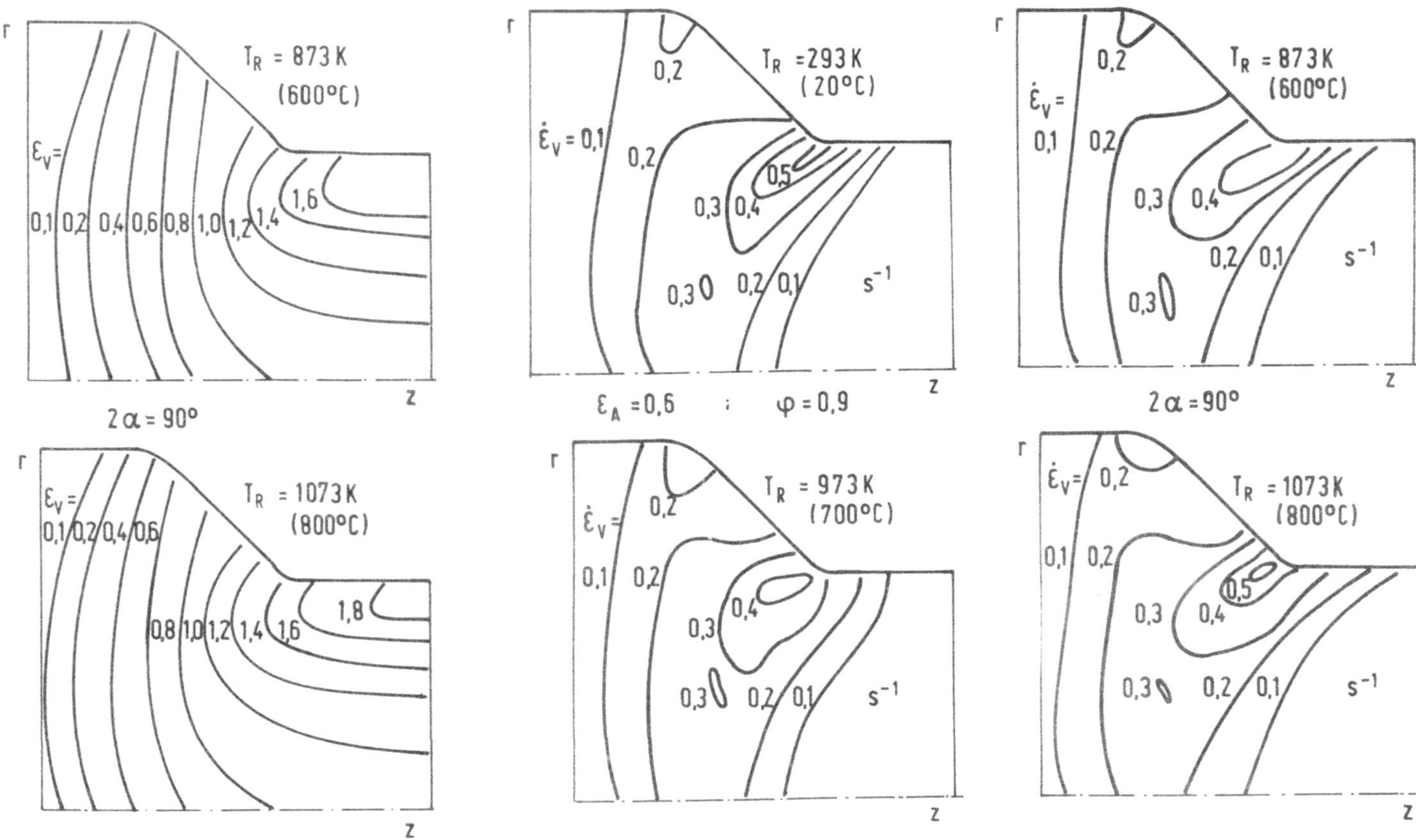

Bild 38: Verteilung der Vergleichsformänderungen beim Voll-Vorwärts-Fließpressen mit unterschiedlichen Rohteiltemperaturen.

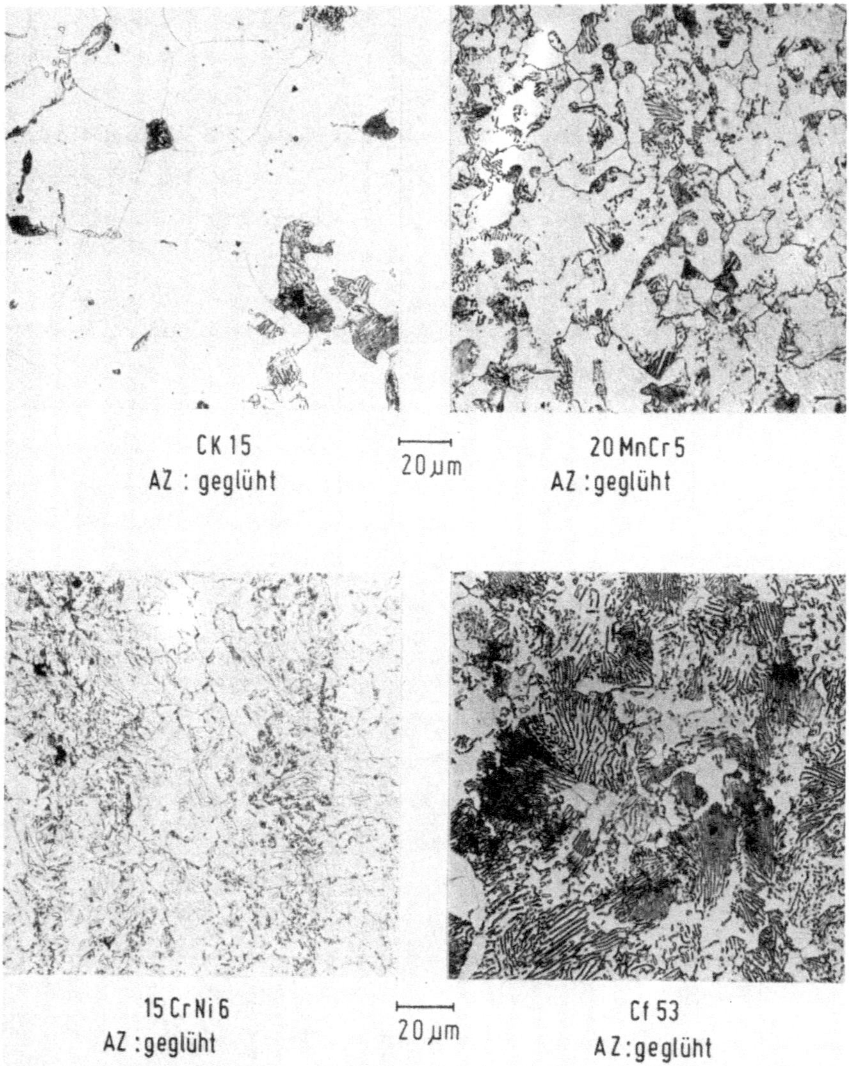

Bild 39: Gefüge der Werkstoffe Ck15, 20MnCr5, 15CrNi6 und Cf53 im Ausgangszustand geglüht.

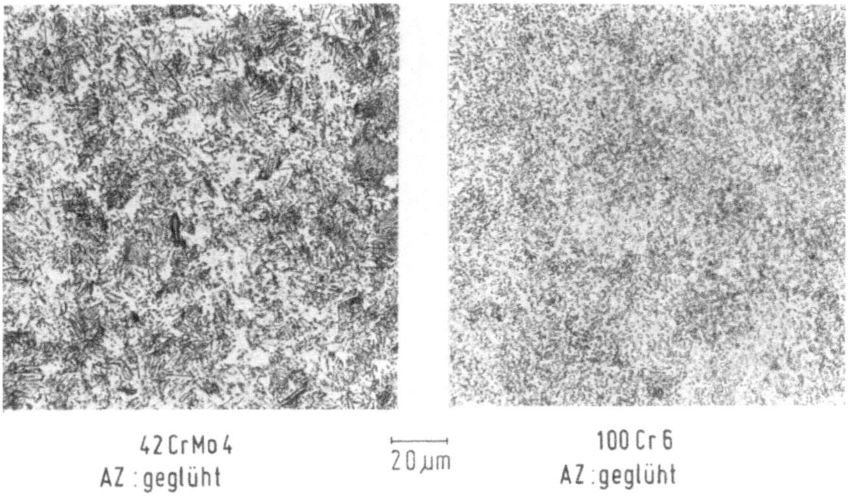

Bild 40: Gefüge der Werkstoffe 42CrMo4 und 100Cr6 im Ausgangszustand geglüht.

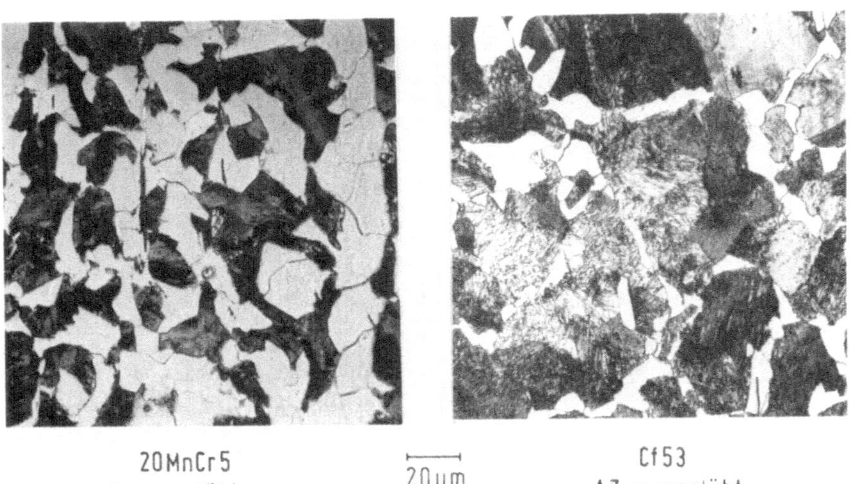

Bild 41: Gefüge der Werkstoffe 20MnCr5 und Cf53 im Ausgangszustand ungeglüht.

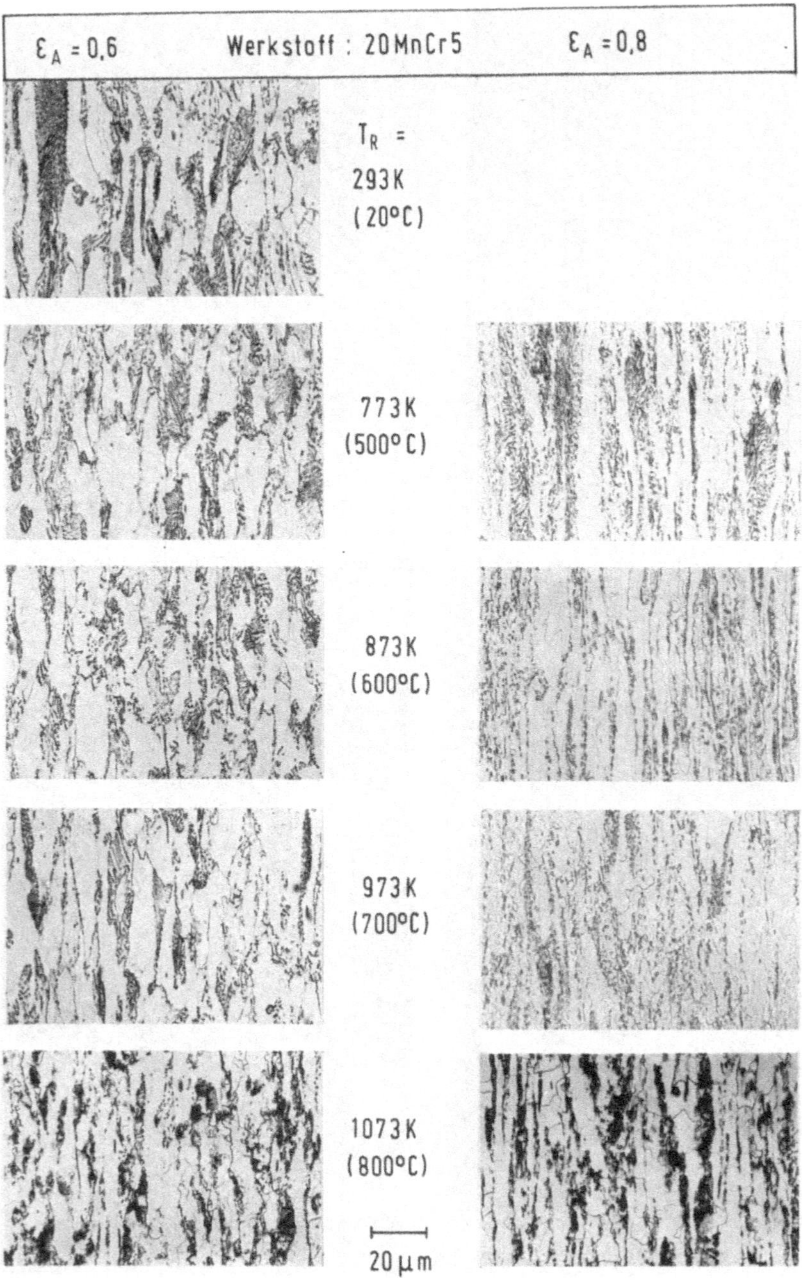

Bild 42: Gefüge nach dem Voll-Vorwärts-Fließpressen in Abhängigkeit von der Temperatur und der rel. Querschnittsänderung. Werkstoff: 20MnCr5. Ausgangszustand: geglüht.

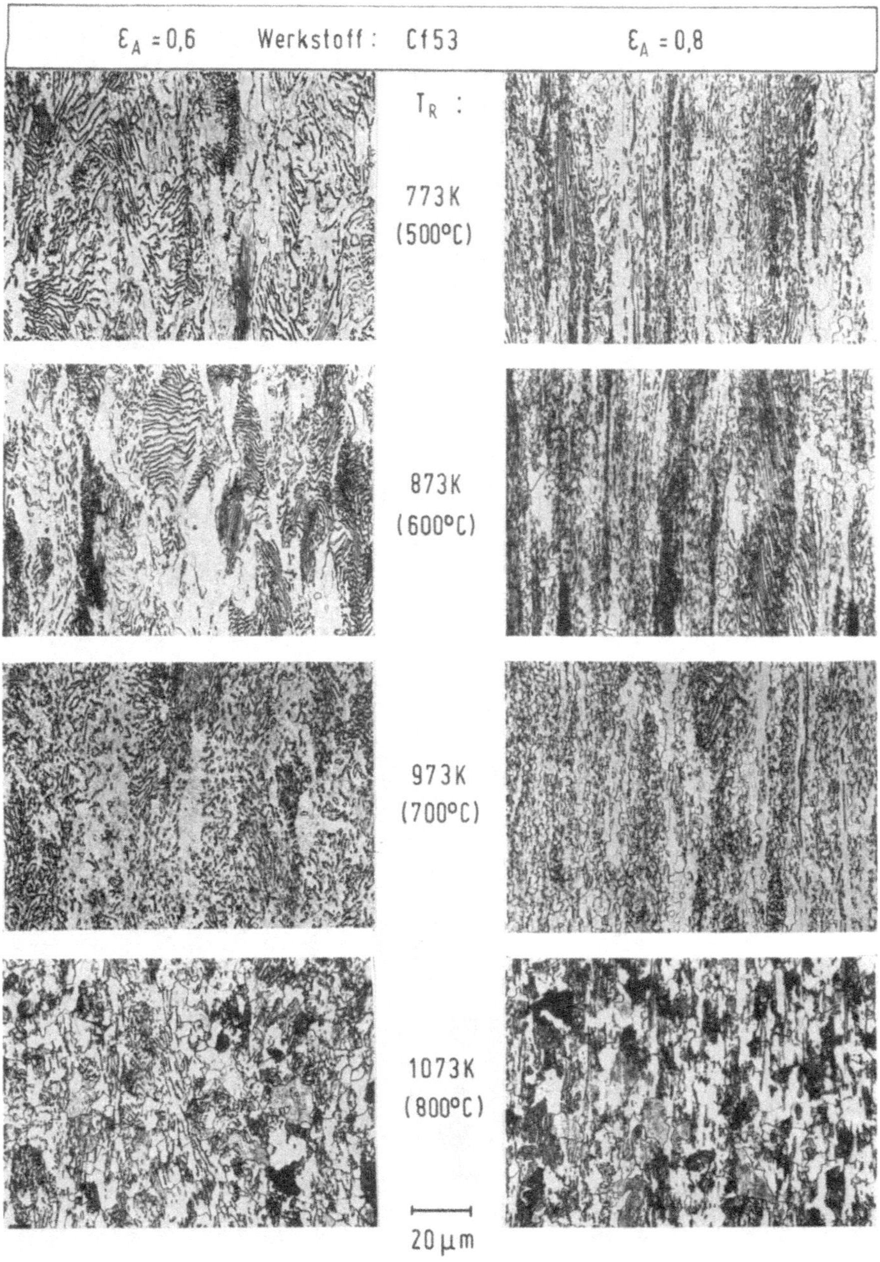

Bild 43: Gefüge nach dem Voll-Vorwärts-Fließpressen in Abhängigkeit von der Temperatur und der rel. Querschnittsänderung. Werkstoff: Cf53. Ausgangszustand: geglüht.

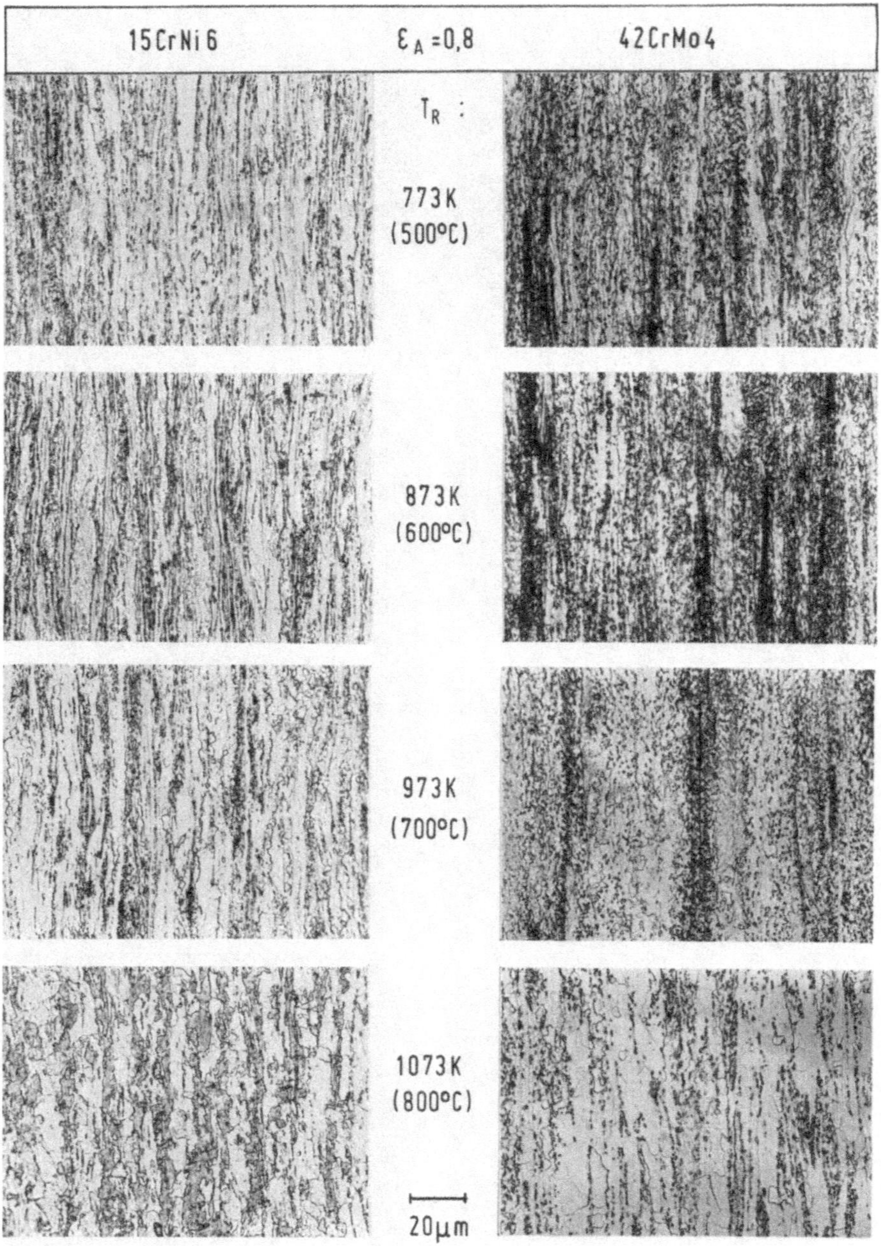

Bild 44: Gefüge nach dem Voll-Vorwärts-Fließpressen in Abhängigkeit von der Temperatur. Werkstoff: 15CrNi6 und 42CrMo4. Ausgangszustand: geglüht.

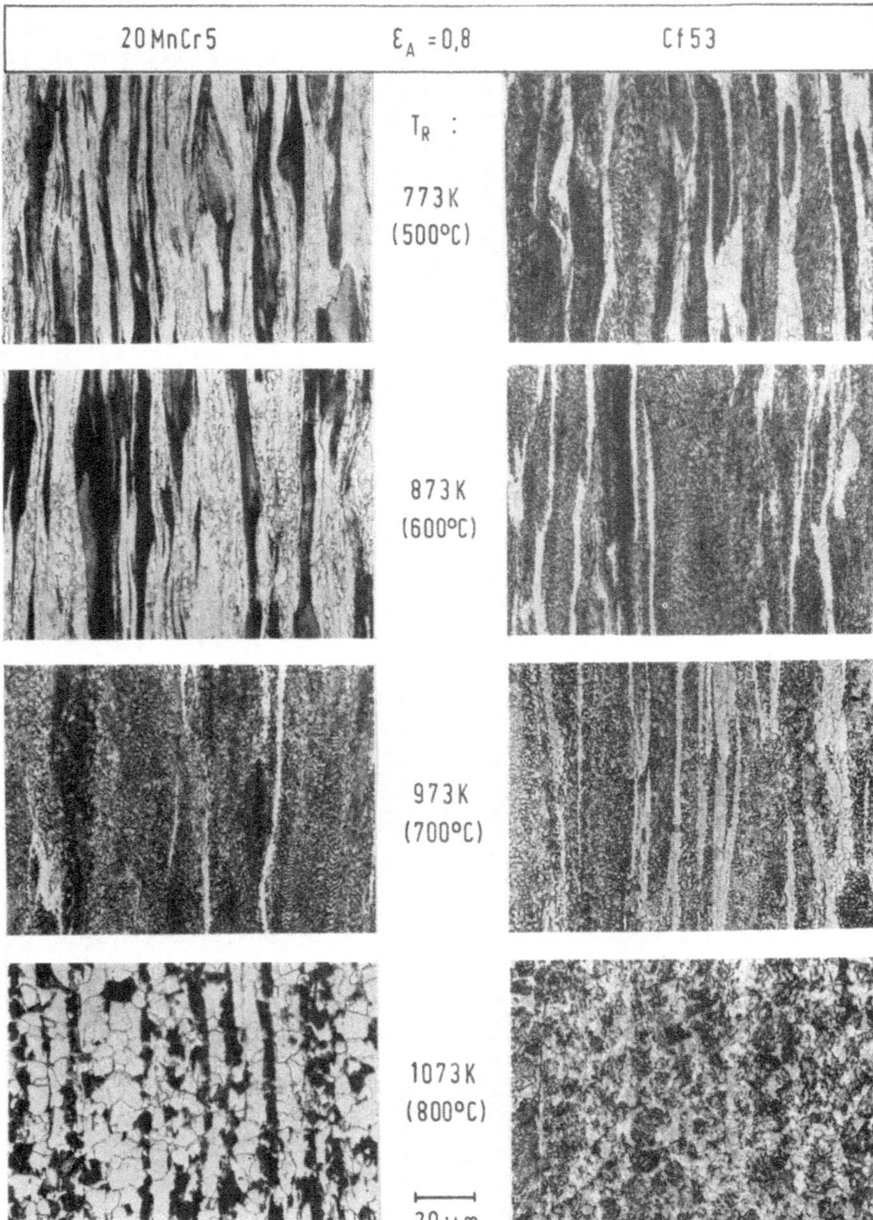

Bild 45: Gefüge nach dem Voll-Vorwärts-Fließpressen in Abhängigkeit von der Temperatur. Werkstoff: 20MnCr5 und Cf53. Ausgangszustand: ungeglüht.

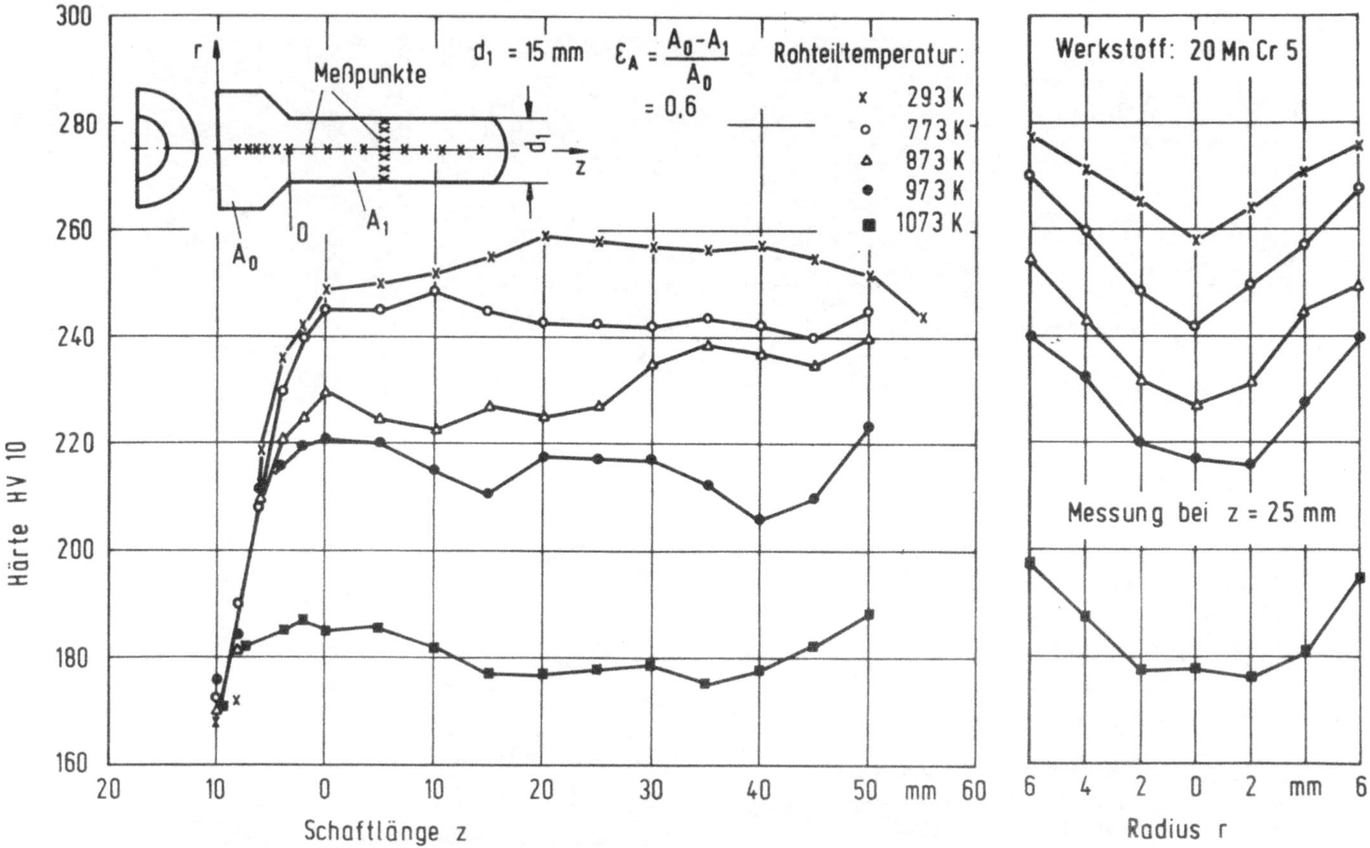

Bild 46: Einfluß der Temperatur auf die Härteverteilung voll-vorwärts-fließgepreßter Werkstücke. Werkstoff: 20MnCr5.

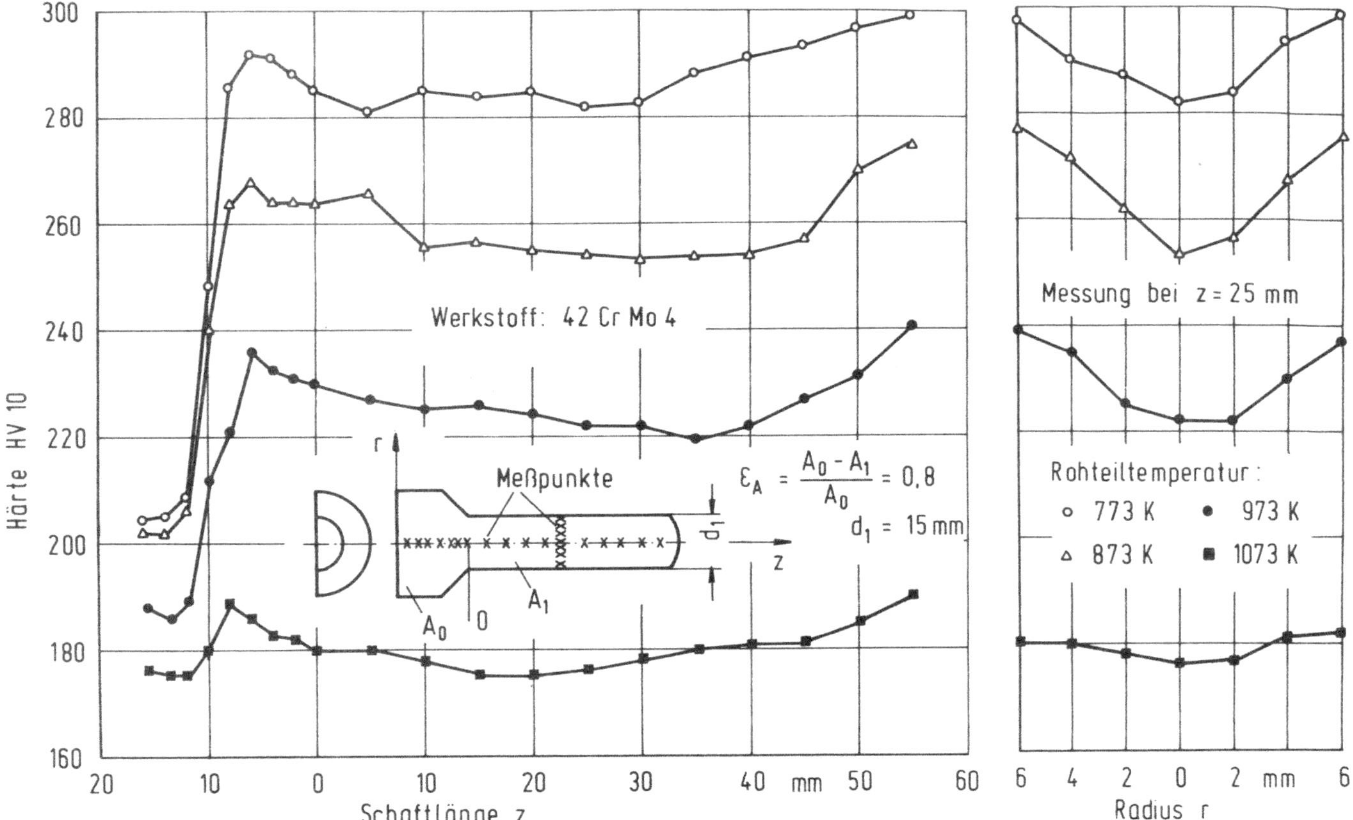

Bild 47: Einfluß der Temperatur auf die Härteverteilung voll-vorwärts-fließgepreßter Werkstücke. Werkstoff 42CrMo4.

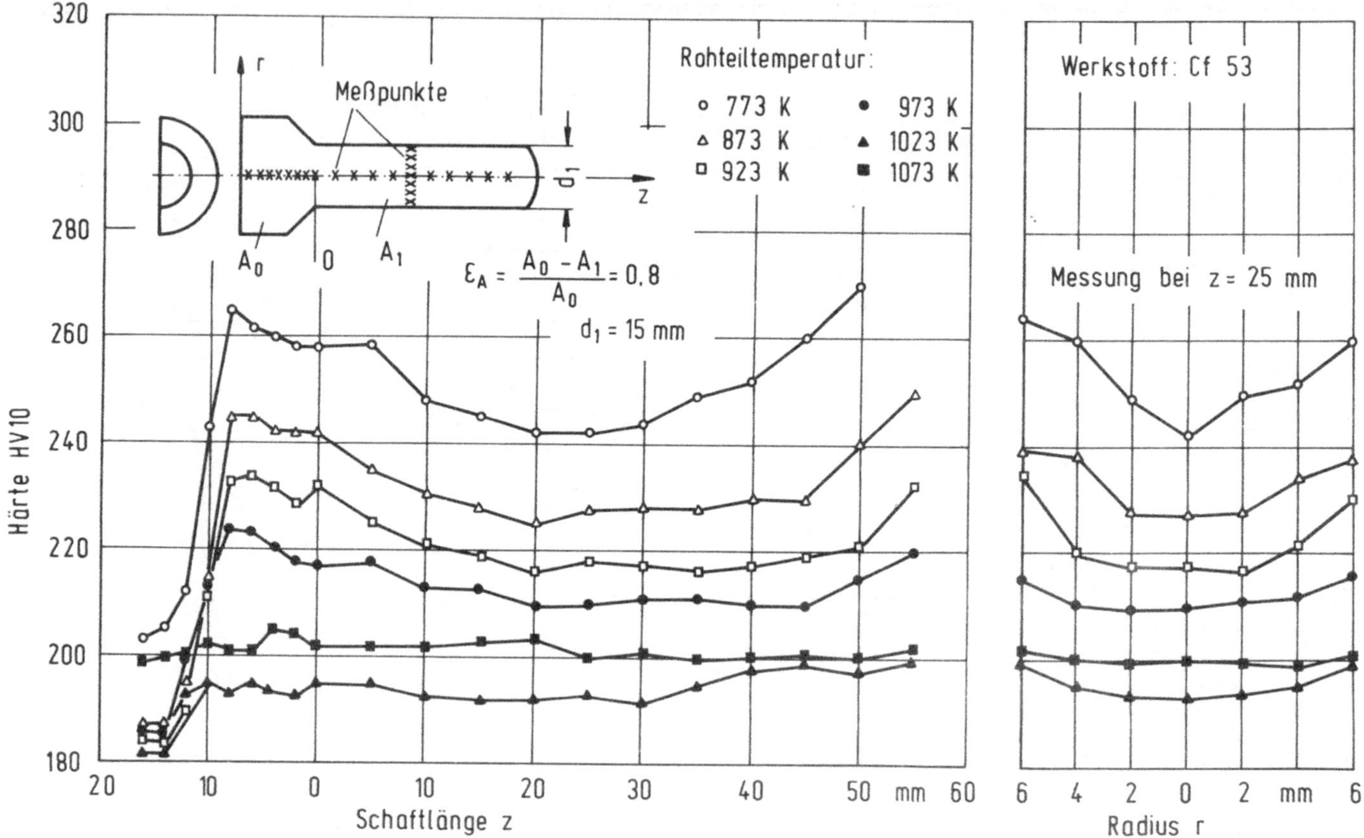

Bild 48: Einfluß der Temperatur auf die Härteverteilung voll-vorwärts-fließgepreßter Werkstücke. Werkstoff: Cf53.

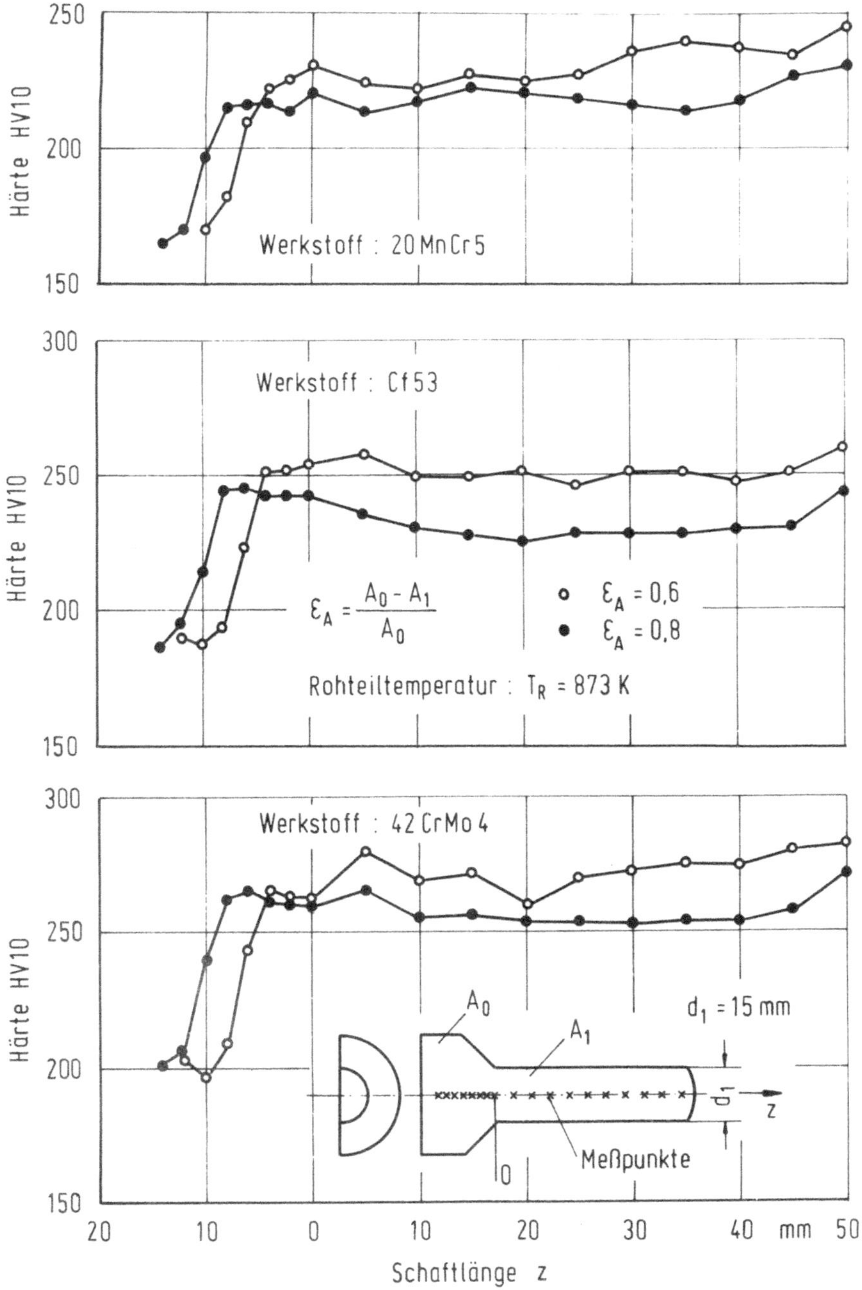

Bild 49: Einfluß der rel. Querschnittsänderung auf die Härteverteilung nach dem Voll-Vorwärts-Fließpressen mit 873 K (600 °C) Rohteiltemperatur.

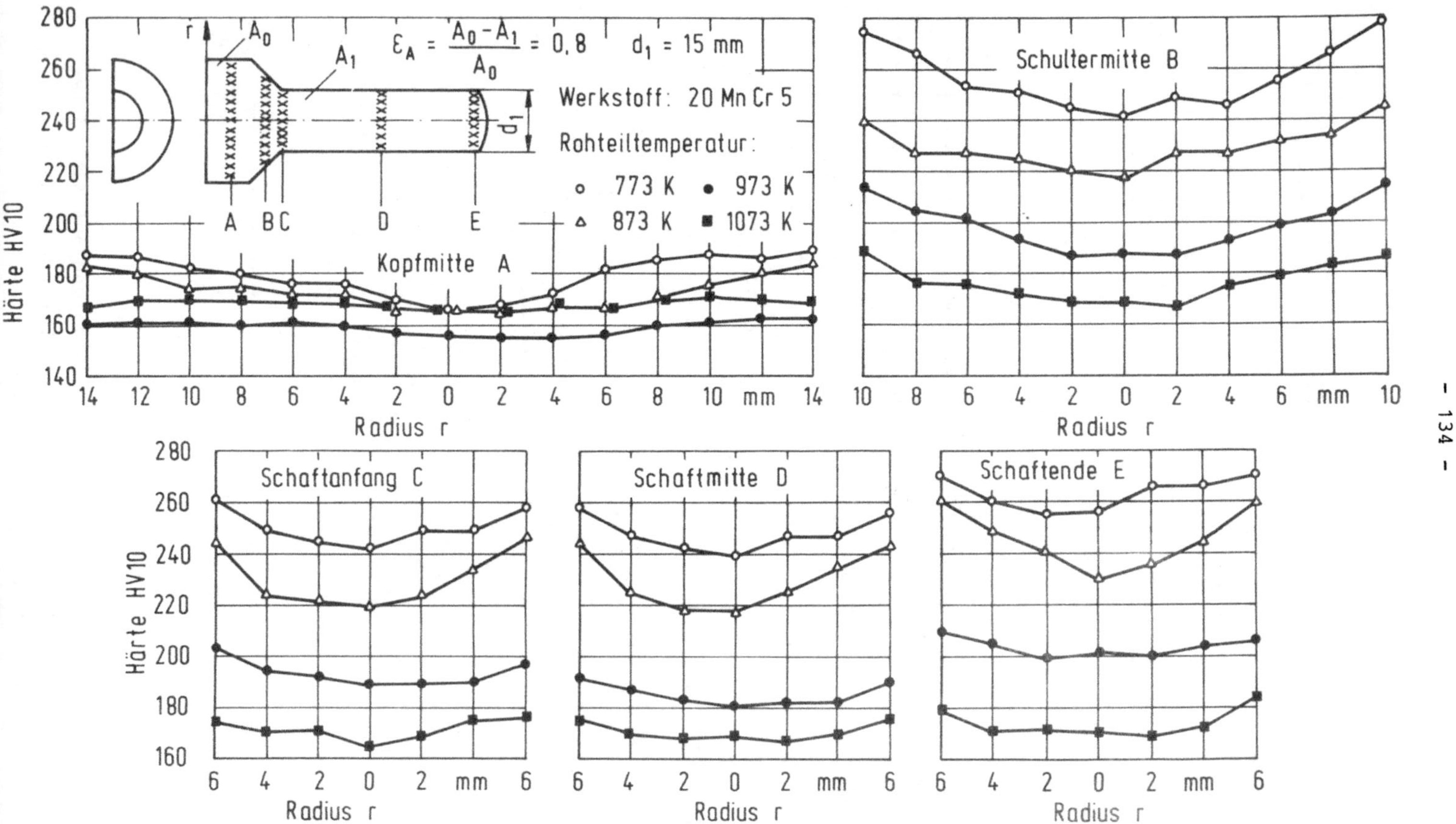

Bild 50: Einfluß der Temperatur auf die Härteverteilung senkrecht zur Werkstückachse voll-vorwärts-fließgepreßter Werkstücke. Werkstoff: 20MnCr5.

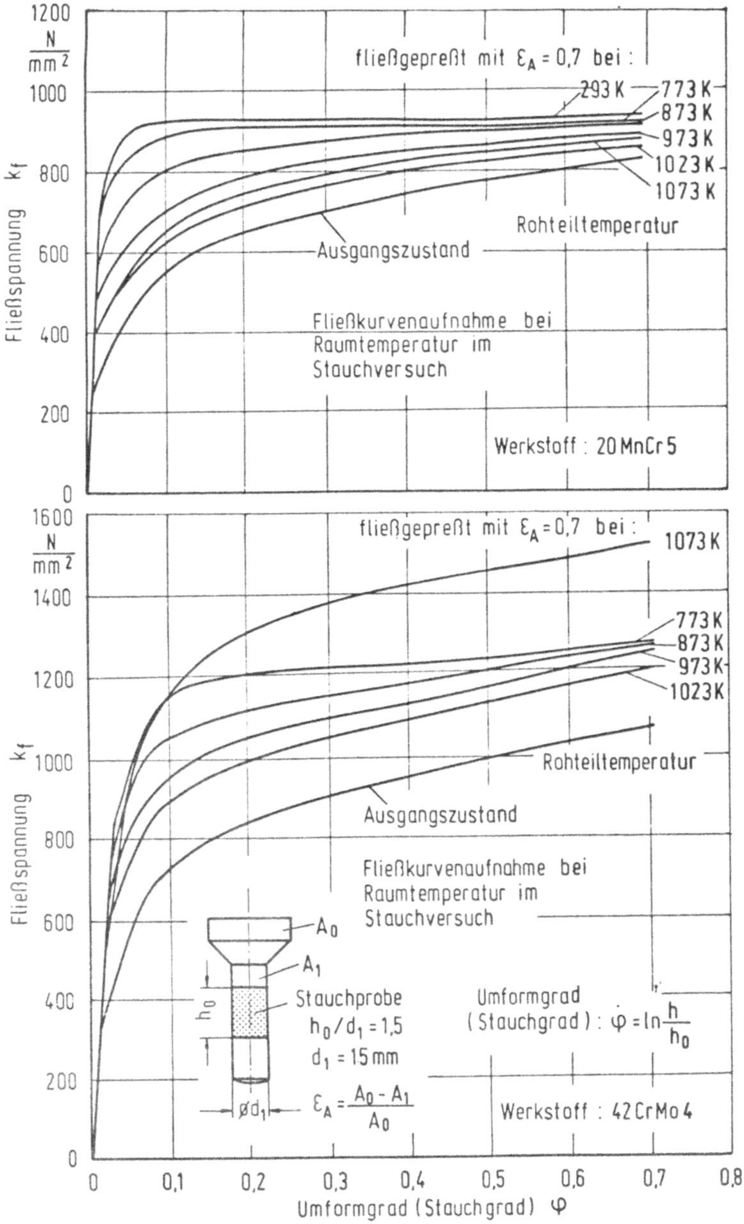

Bild 51: Fließkurven, aufgenommen mit Proben aus dem Schaft voll-vorwärts-fließgepreßter Werkstücke.

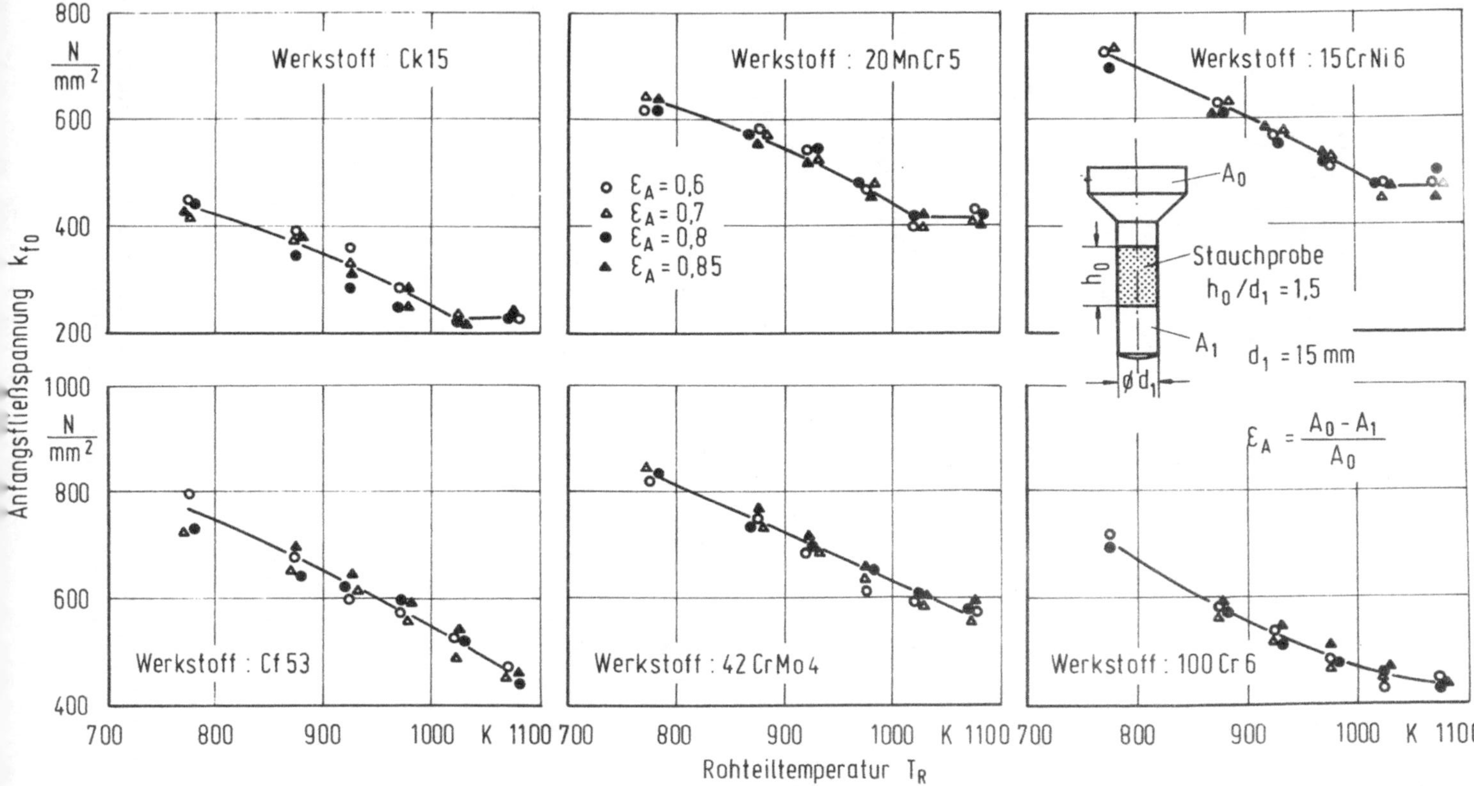

Bild 52: Anfangsfließspannung k_{fo} von Werkstücken nach dem Voll-Vorwärts-Fließpressen mit unterschiedlichen Rohteiltemperaturen und rel. Querschnittsänderungen.

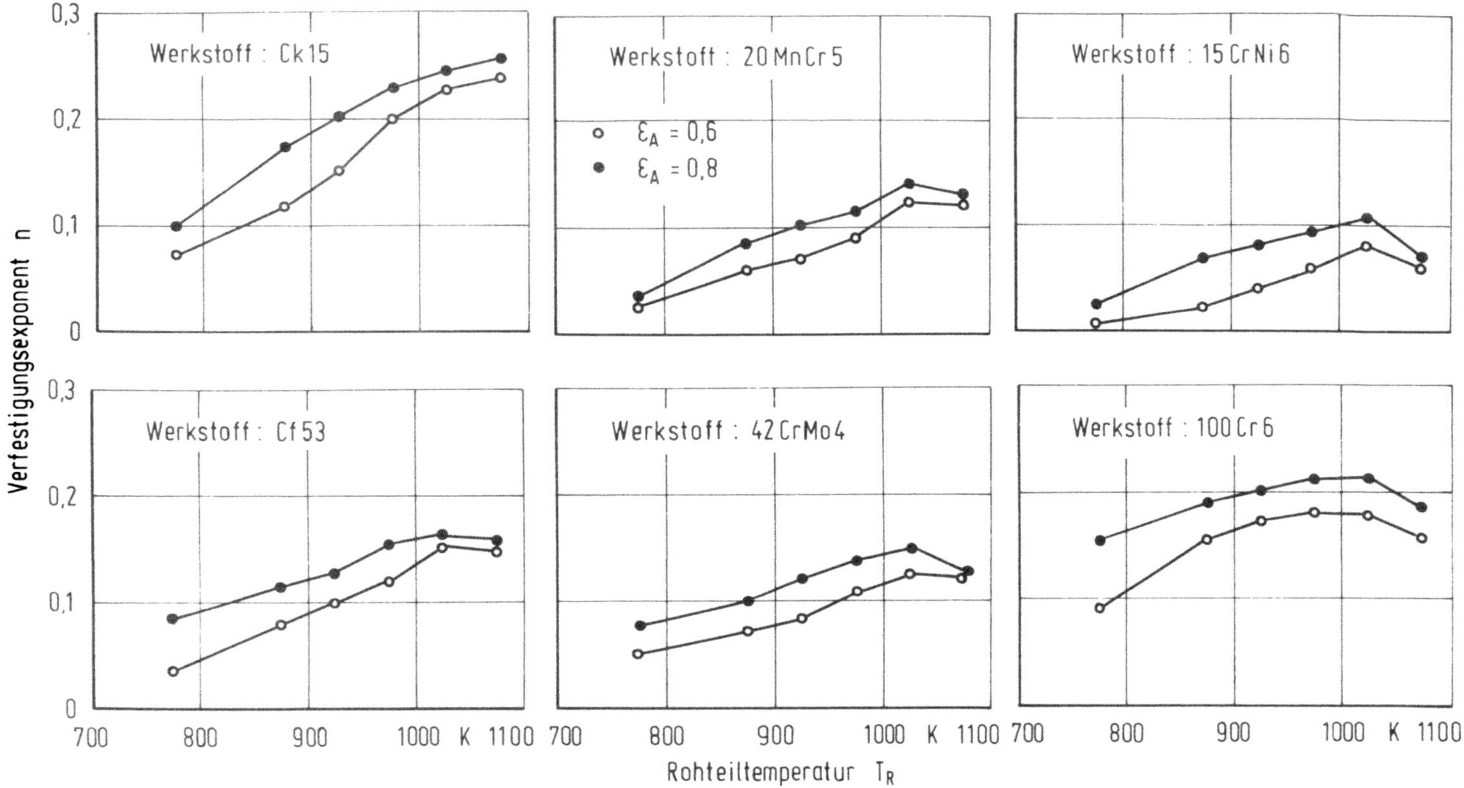

Bild 53: Verfestigungsexponent n von Werkstücken nach dem Voll-Vorwärts-Fließpressen mit unterschiedlichen Rohteiltemperaturen und rel. Querschnittsänderungen.

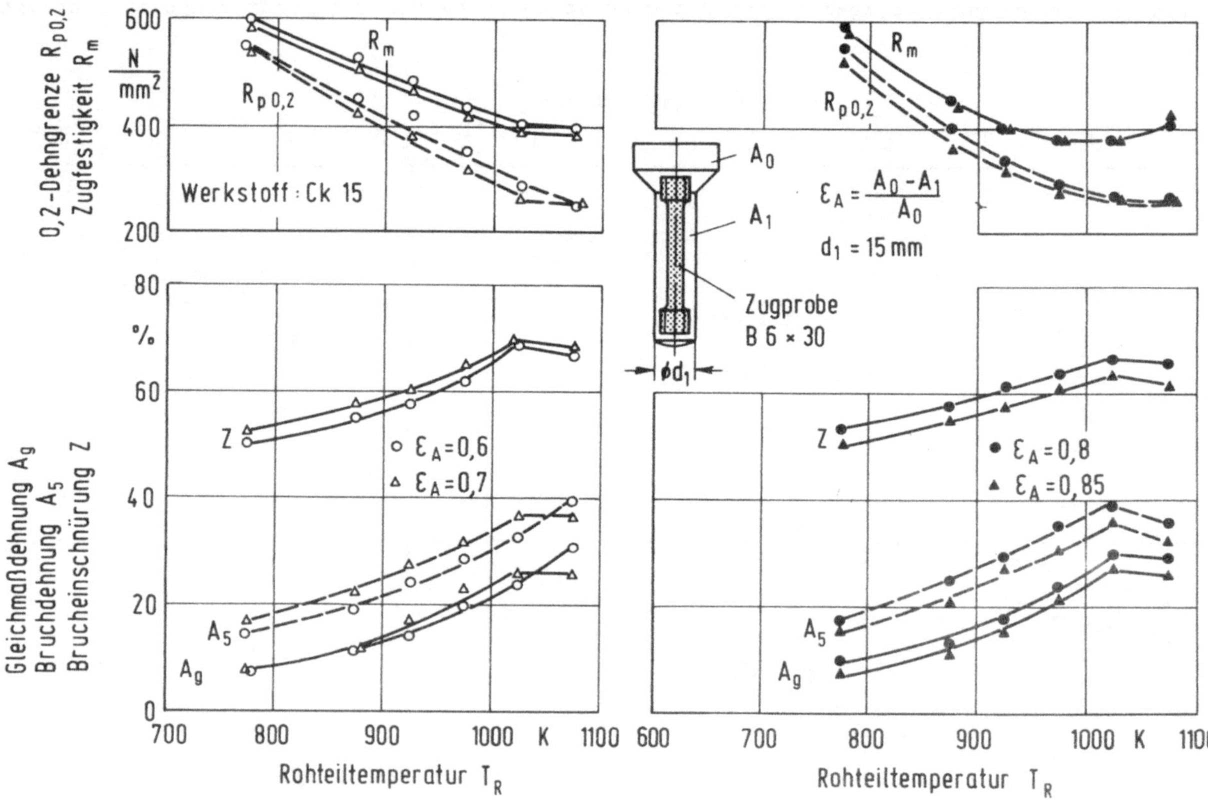

Bild 54: Einfluß der Temperatur und der rel. Querschnittsänderung auf die Festigkeits- und Verformungskennwerte halbwarmfließgepreßter Werkstücke. Werkstoff: Ck15.

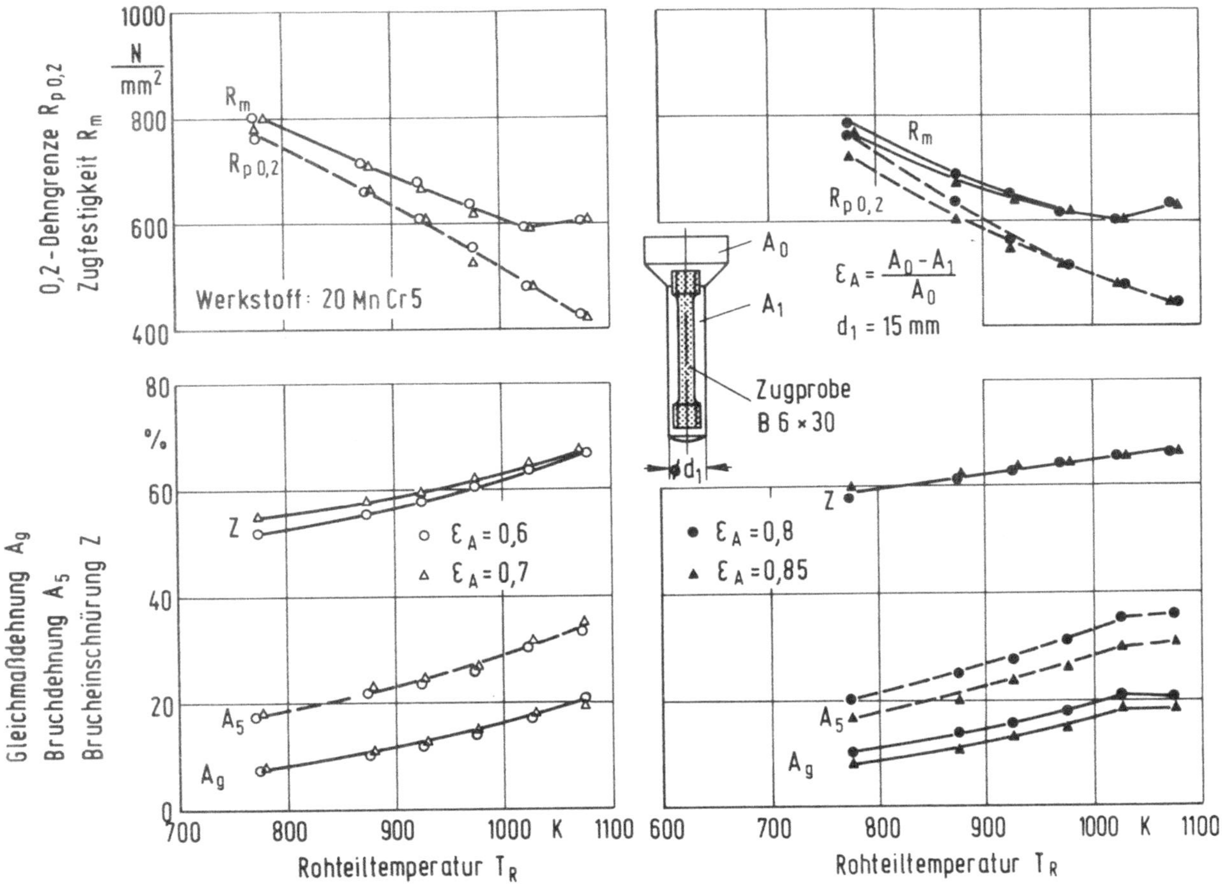

Bild 55: Einfluß der Temperatur und der rel. Querschnittsänderung auf die Festigkeits- und Verformungskennwerte halbwarmfließgepreßter Werkstücke. Werkstoff: 20MnCr5.

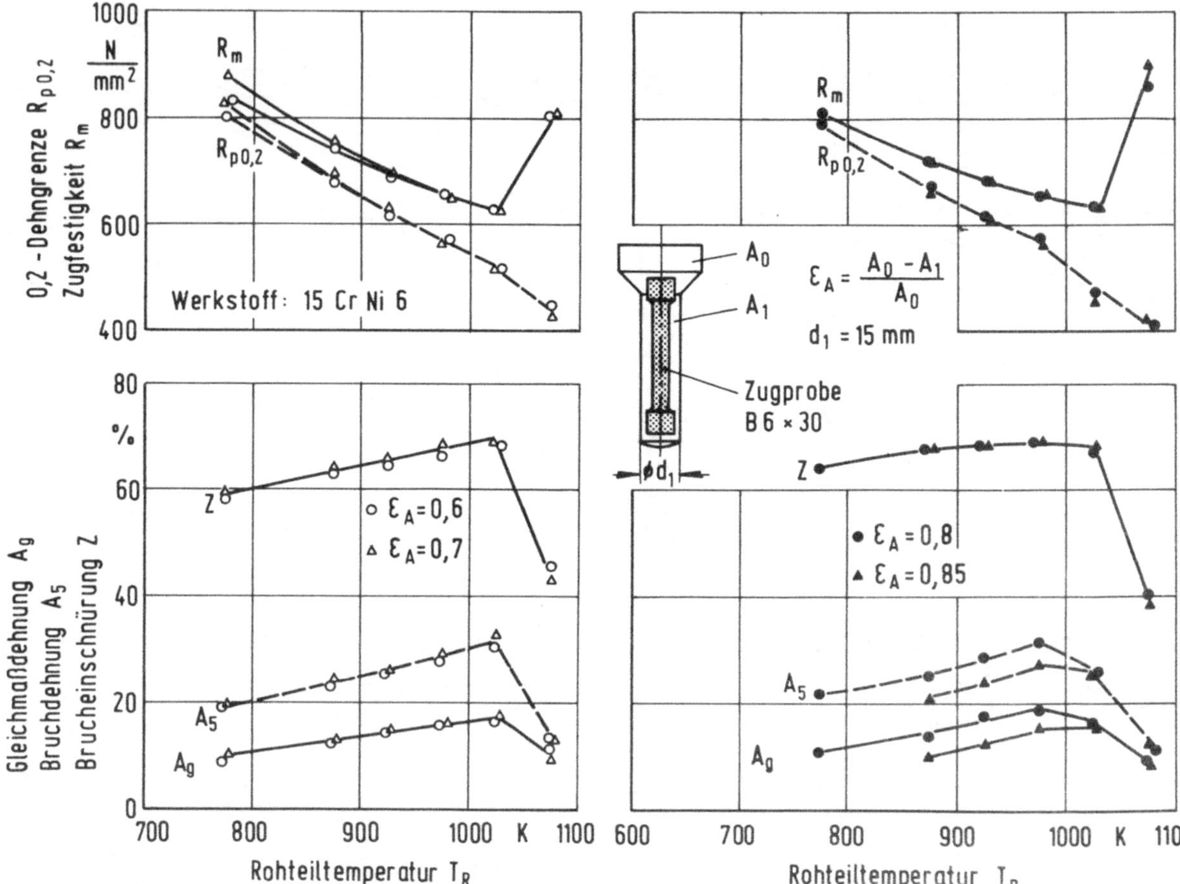

Bild 56: Einfluß der Temperatur und der rel. Querschnittsänderung auf die Festigkeits- und Verformungskennwerte halb [illegible]

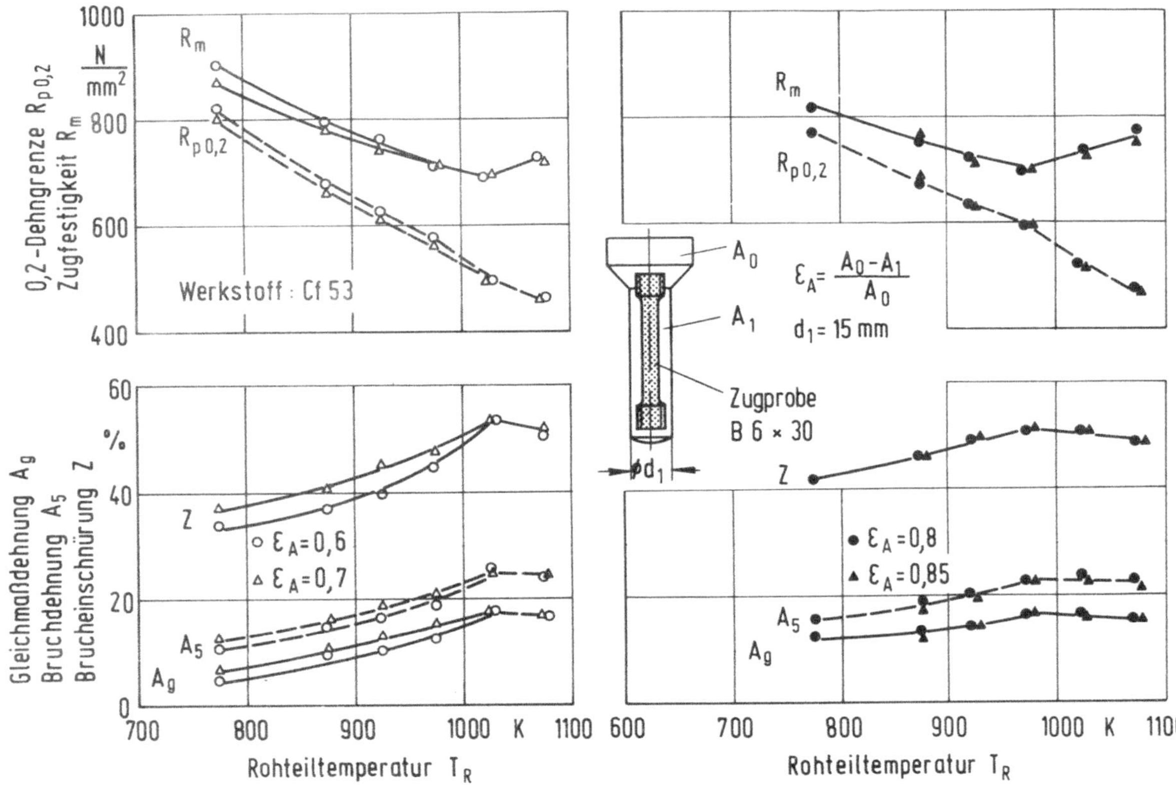

Bild 57: Einfluß der Temperatur und der rel. Querschnittsänderung auf die Festigkeits- und Verformungskennwerte halbwarmfließgepreßter Werkstücke. Werkstoff: Cf53.

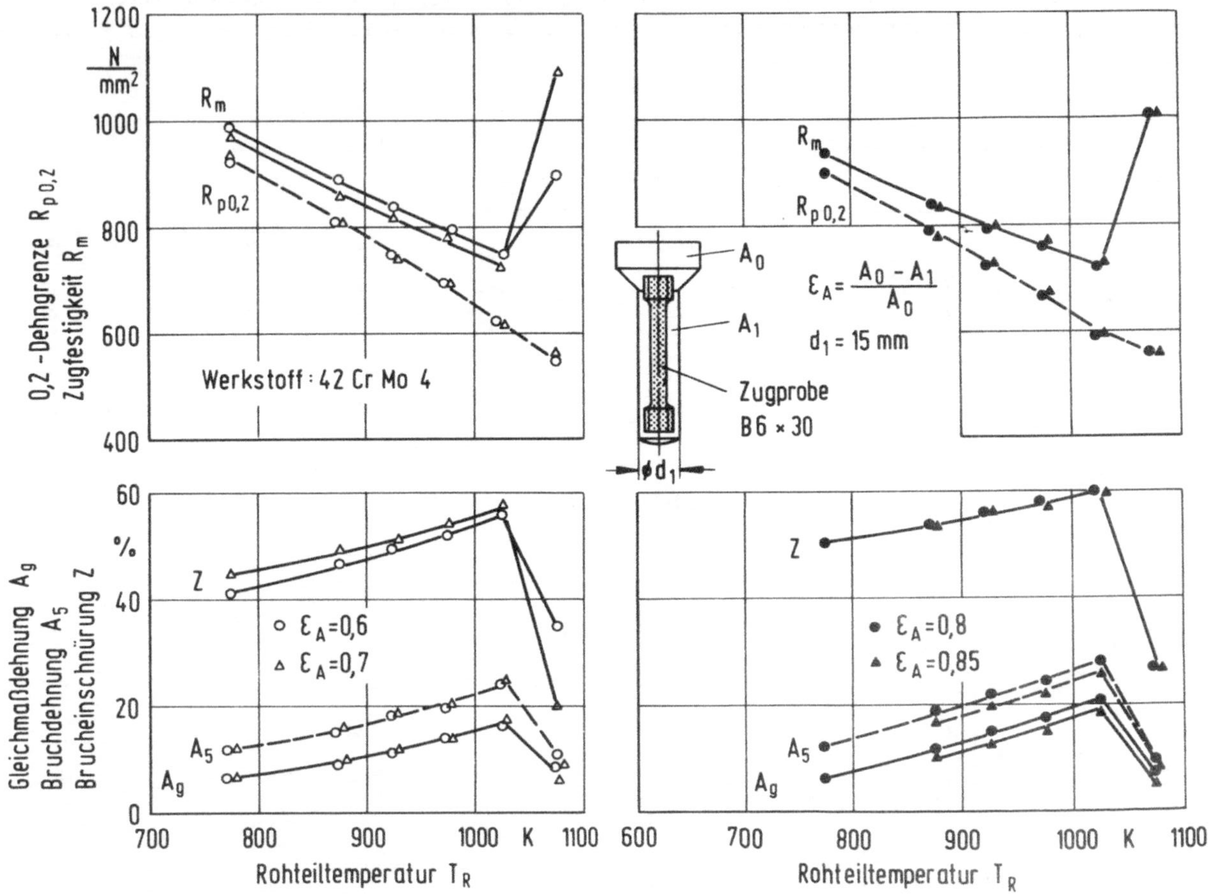

Bild 58: Einfluß der Temperatur und der rel. Querschnittsänderung auf die Festigkeits- und Verformungskennwerte halbwarmfließgepreßter Werkstücke. Werkstoff: 42CrMo4

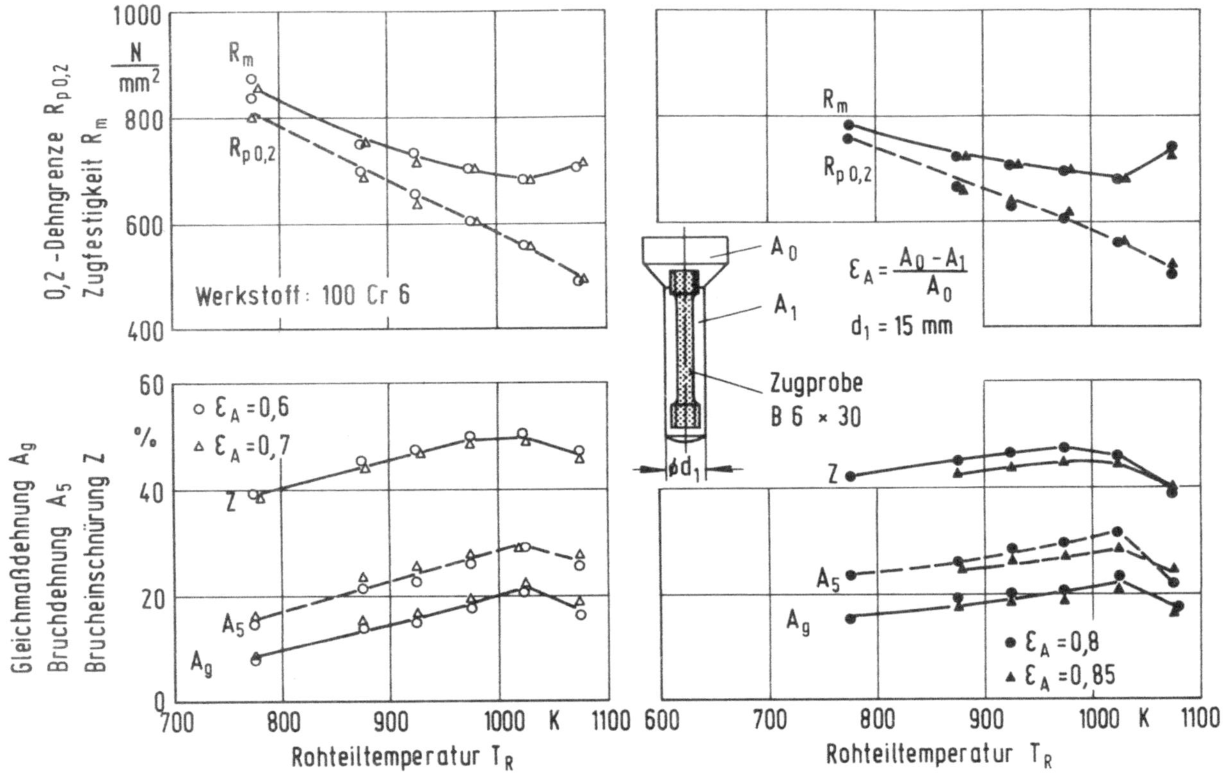

Bild 59: Einfluß der Temperatur und der rel. Querschnittsänderung auf die Festigkeits- und Verformungskennwerte halbwarmfließgepreßter Werkstücke. Werkstoff: 100Cr6.

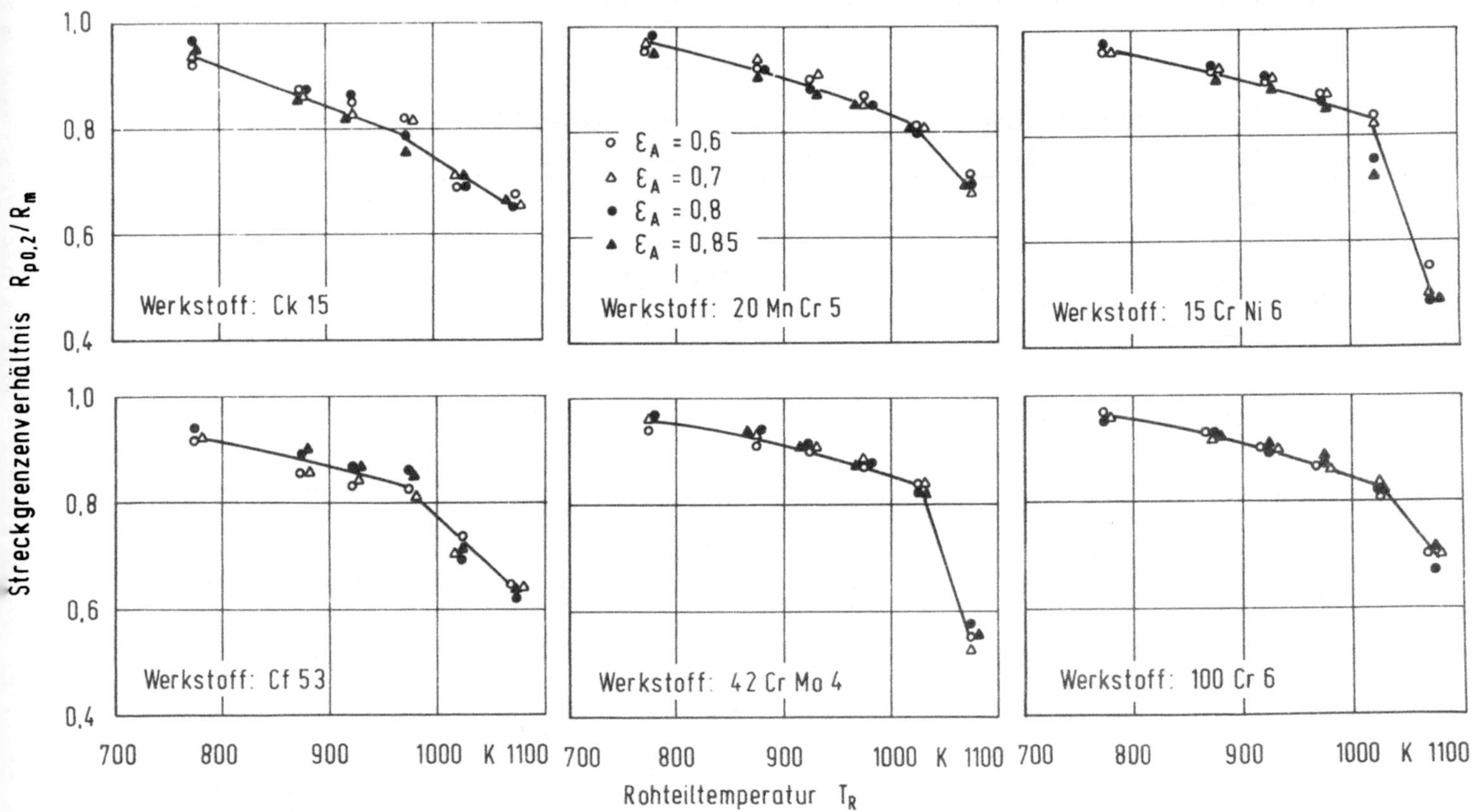

Bild 60: Einfluß der Temperatur und der rel. Querschnittsänderung auf das Streckgrenzenverhältnis halbwarmfließgepreßter Werkstücke.

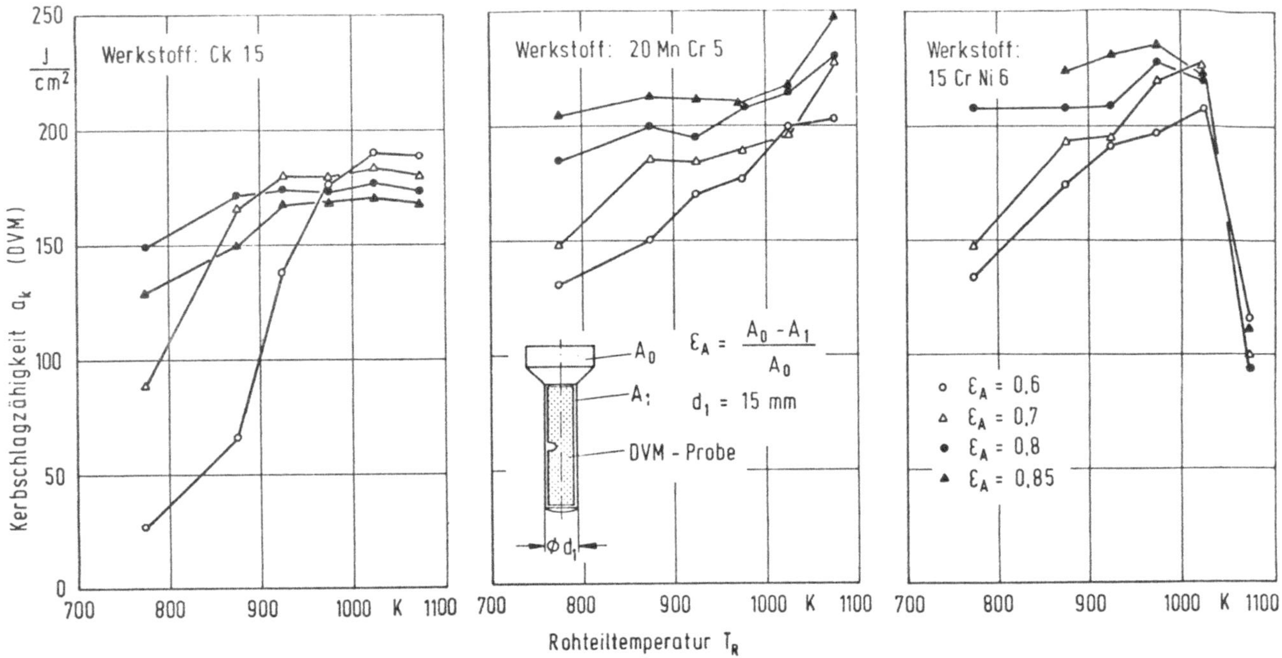

Bild 61: Einfluß der Temperatur und der rel. Querschnittsänderung auf die Kerbschlagzähigkeit halbwarmfließgepreßter Werkstücke. Werkstoff: Ck15, 20MnCr5 und 15CrNi6.

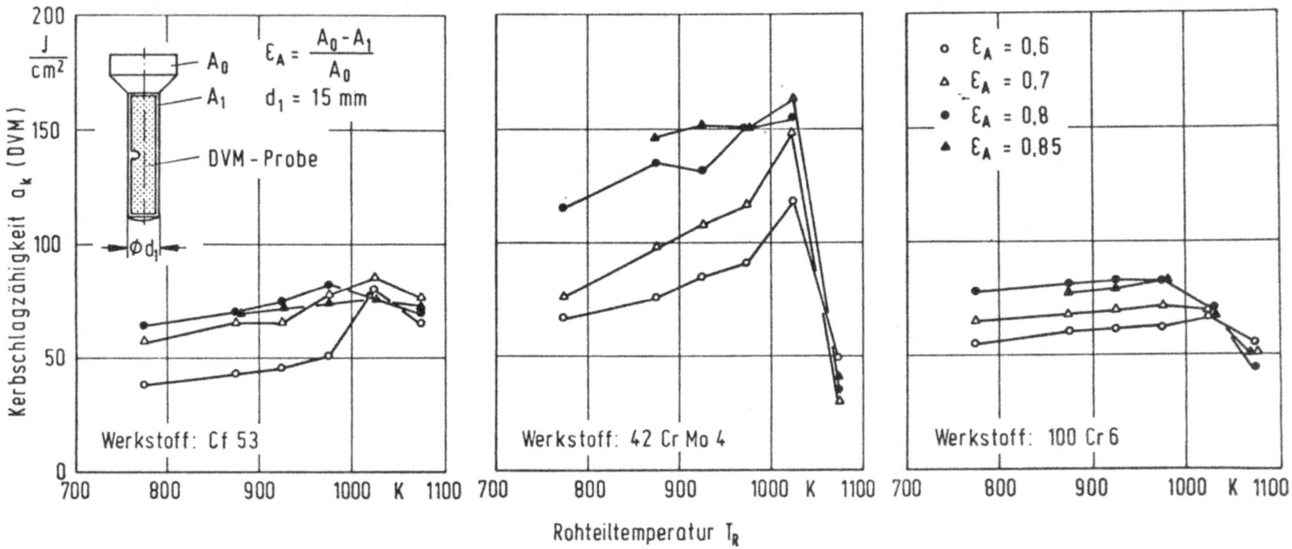

Bild 62: Einfluß der Temperatur und der rel. Querschnittsänderung auf die Kerbschlagzähigkeit halbwarmfließgepreßter Werkstücke. Werkstoff: Cf53, 42CrMo4 und 100Cr6.

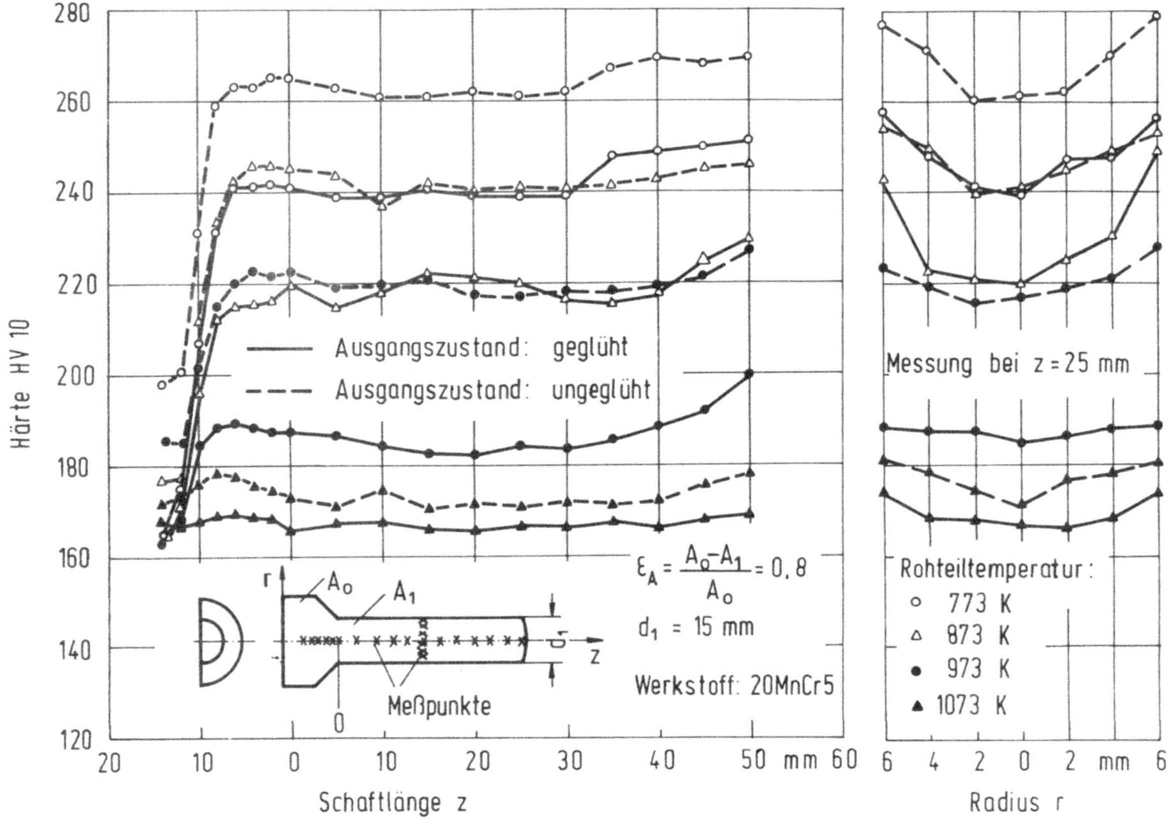

Bild 63: Einfluß des Ausgangszustandes (AZ: geglüht-ungeglüht) auf die Härteverteilung halbwarmfließgepreßter Werkstücke. Werkstoff: 20MnCr5.

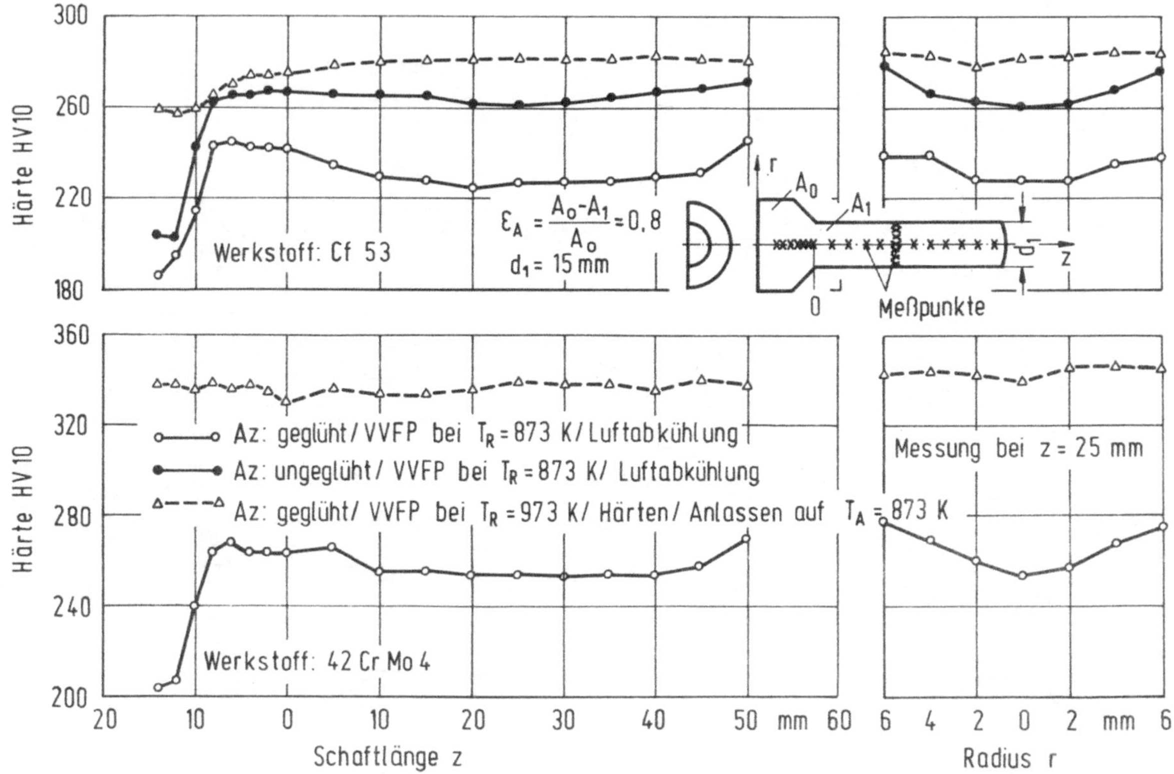

Bild 64: Einfluß des Ausgangszustandes (AZ: geglüht-ungeglüht) auf die Härteverteilung halbwarmfließgepreßter Werkstücke. Vergleich mit vergüteten Fließpreßteilen. Werkstoff: Cf53 und 42CrMo4.

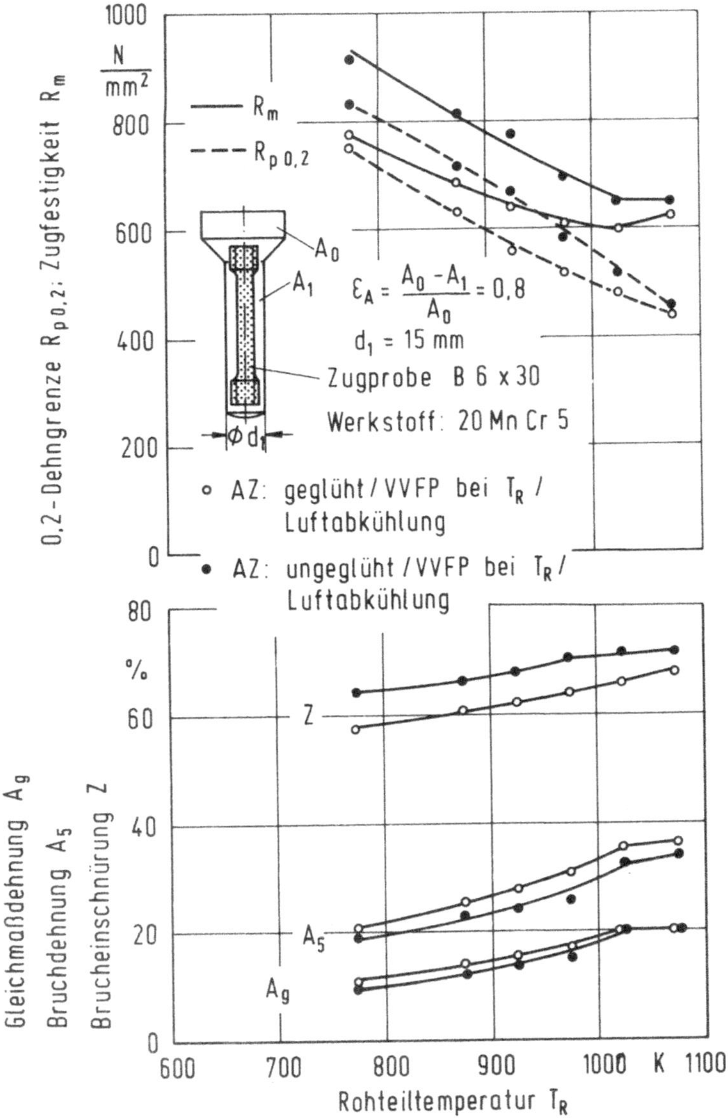

Bild 65: Einfluß des Ausgangszustandes (AZ: geglüht-ungeglüht) auf die Festigkeits- und Verformungskennwerte halbwarmfließgepreßter Werkstücke. Werkstoff: 20MnCr5.

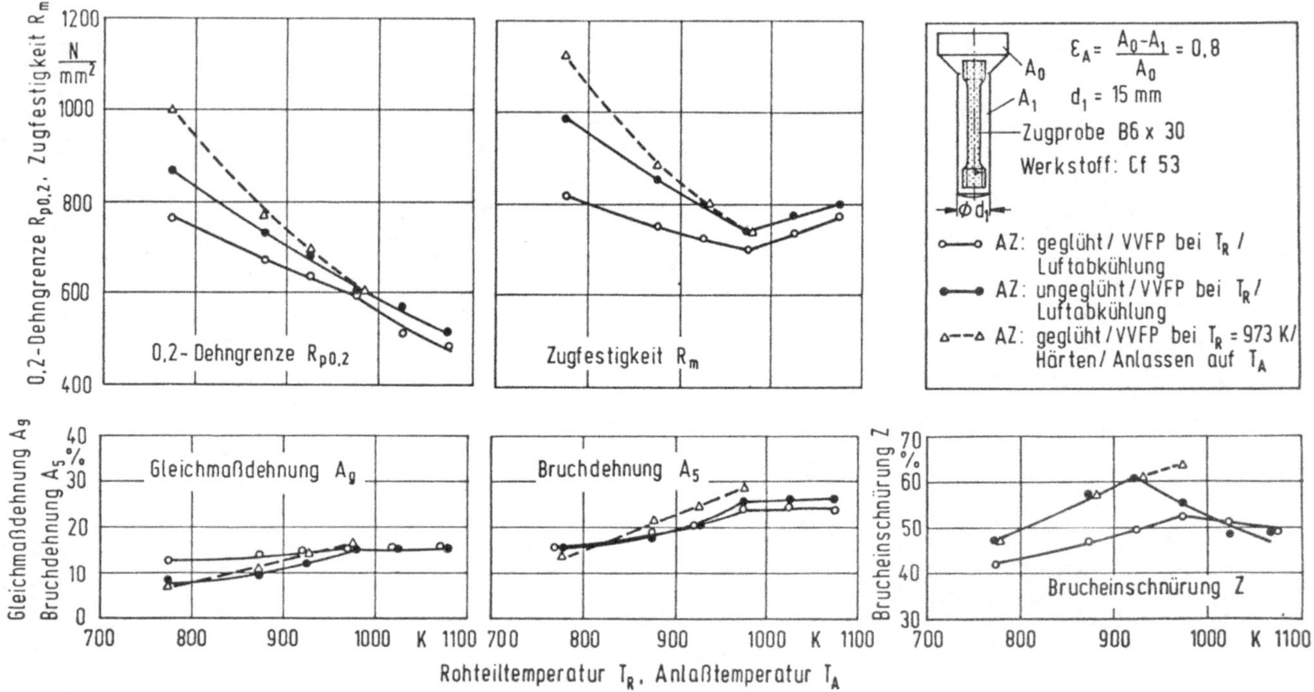

Bild 66: Einfluß des Ausgangszustandes (AZ: geglüht-ungeglüht) auf die Festigkeits- und Verformungskennwerte halbwarmfließgepreßter Werkstücke. Vergleich mit vergüteten Fließpreßteilen. Werkstoff: Cf53.

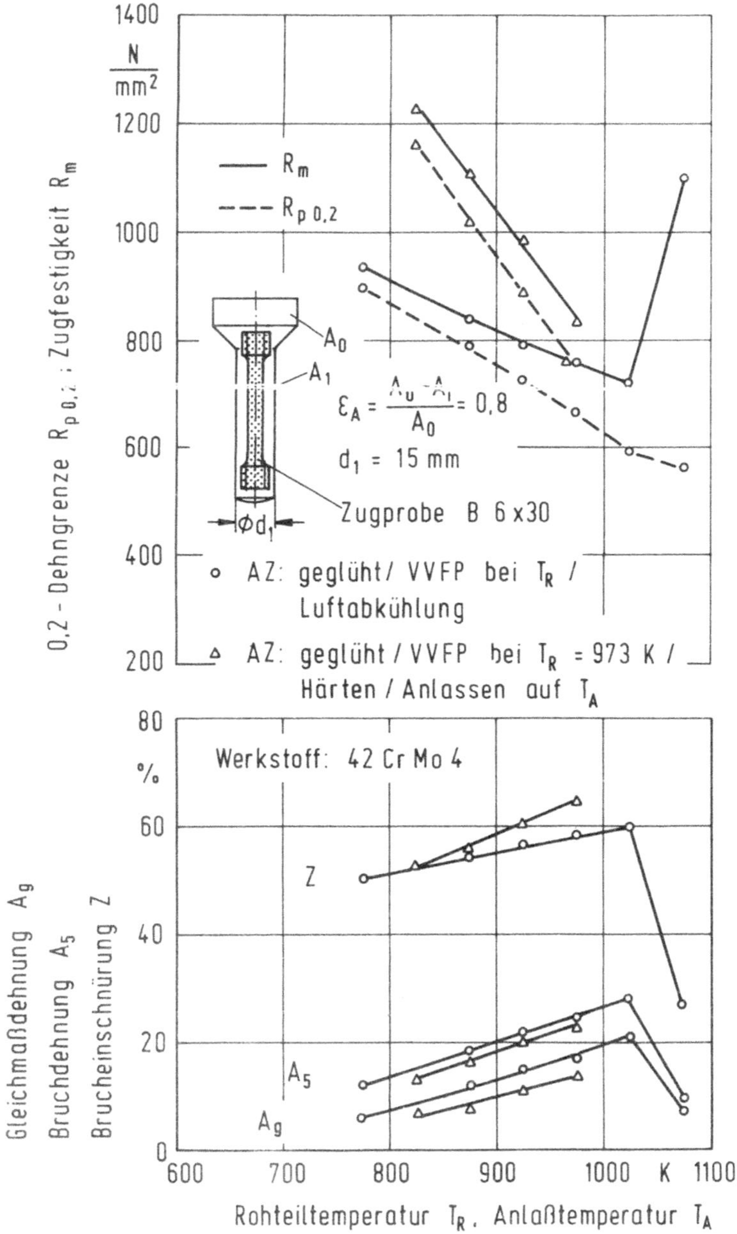

Bild 67: Vergleich der Festigkeits- und Verformungskennwerte halbwarmfließgepreßter Werkstücke (Ausgangszustand AZ: geglüht) mit den Kennwerten vergüteter Fließpreßteile. Werkstoff: 42CrMo4.

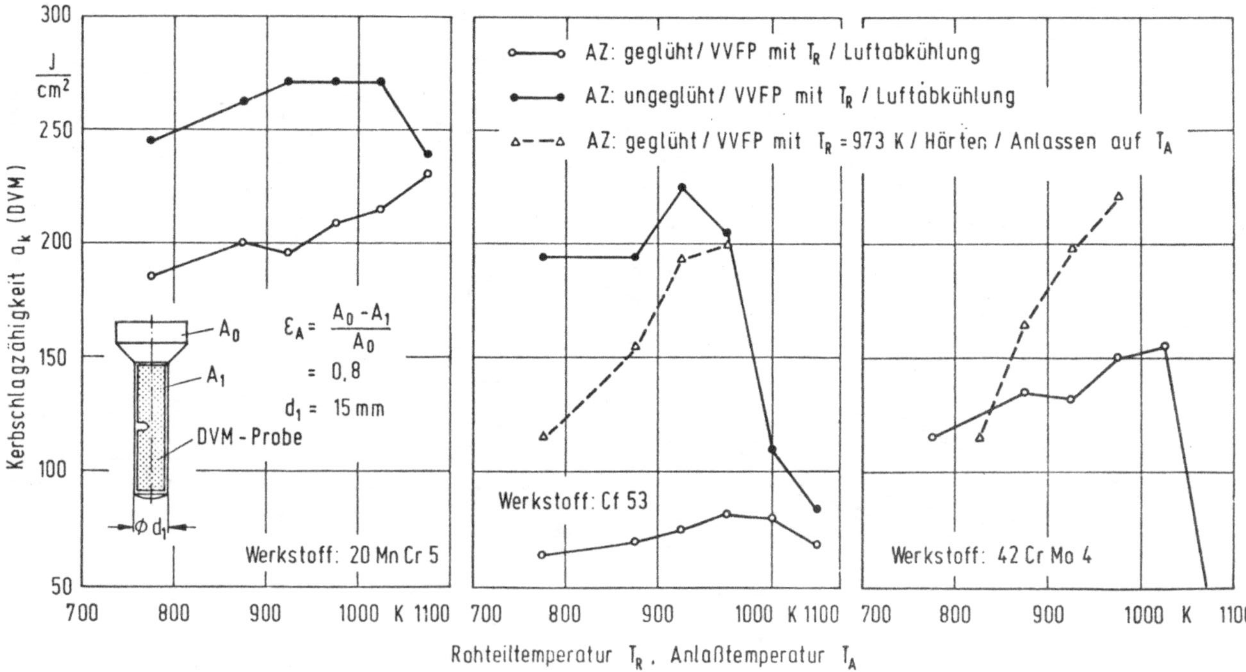

Bild 68: Einfluß des Ausgangszustandes (AZ: geglüht-ungeglüht) auf die Kerbschlagzähigkeit halbwarmfließgepreßter Werkstücke. Vergleich mit vergüteten Fließpreßteilen.

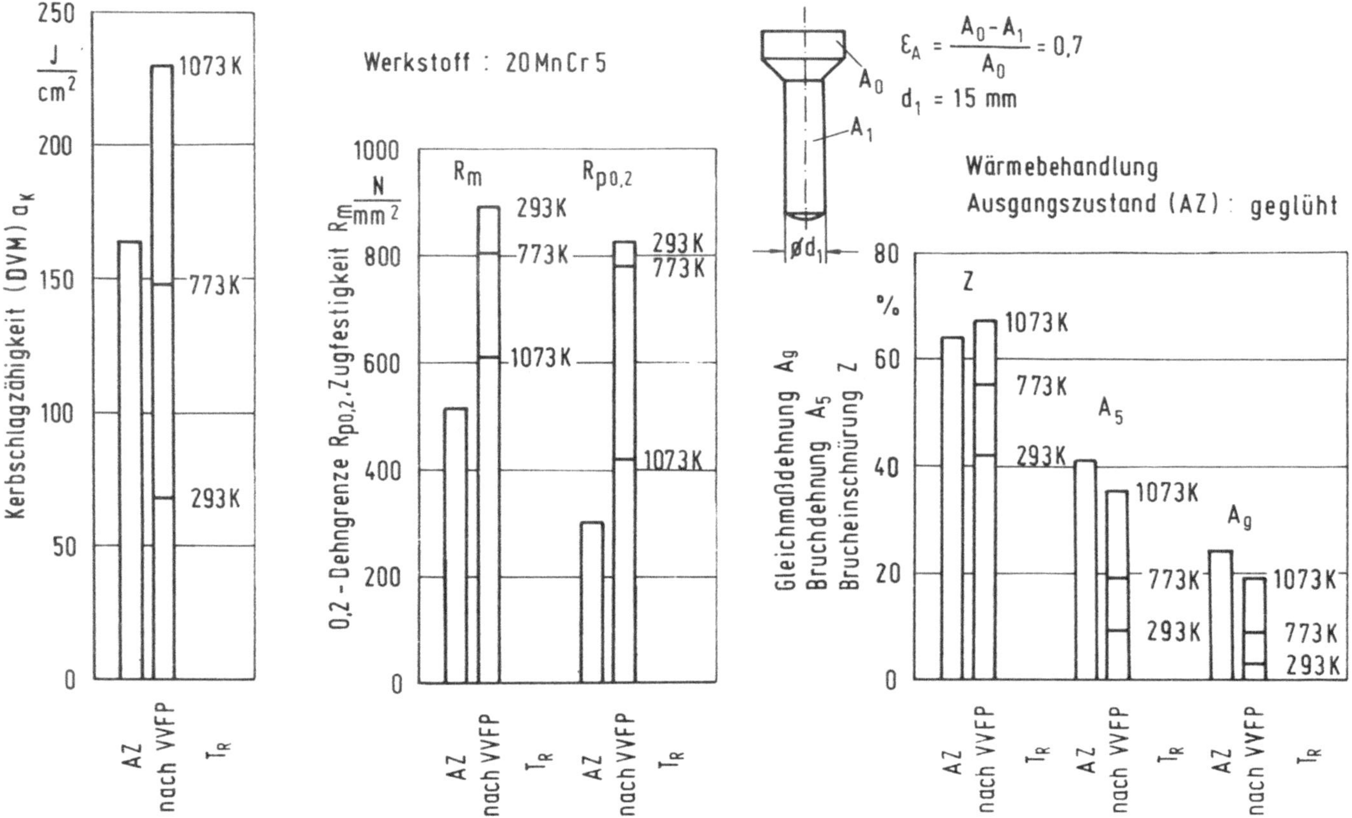

Bild 69: Mechanische Eigenschaften des Werkstoffs 20MnCr5 im Ausgangszustand (AZ) und nach dem Voll-Vorwärts-Fließpressen (VVFP) mit unterschiedlichen Rohteiltemperaturen T_R.

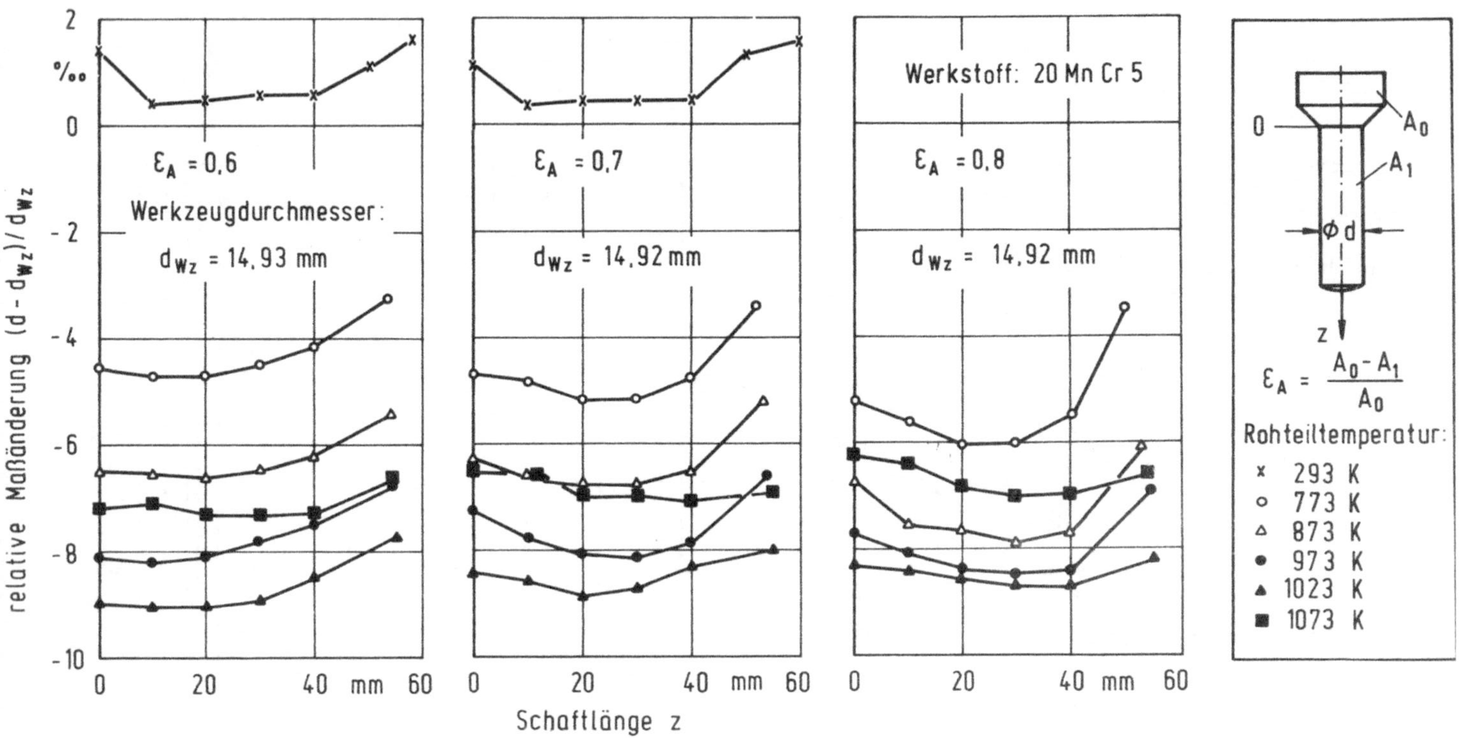

Bild 70: Einfluß der Temperatur und der rel. Querschnittsänderung auf die Maßgenauigkeit voll-vorwärts-fließgepreßter Werkstücke. Werkstoff: 20MnCr5.

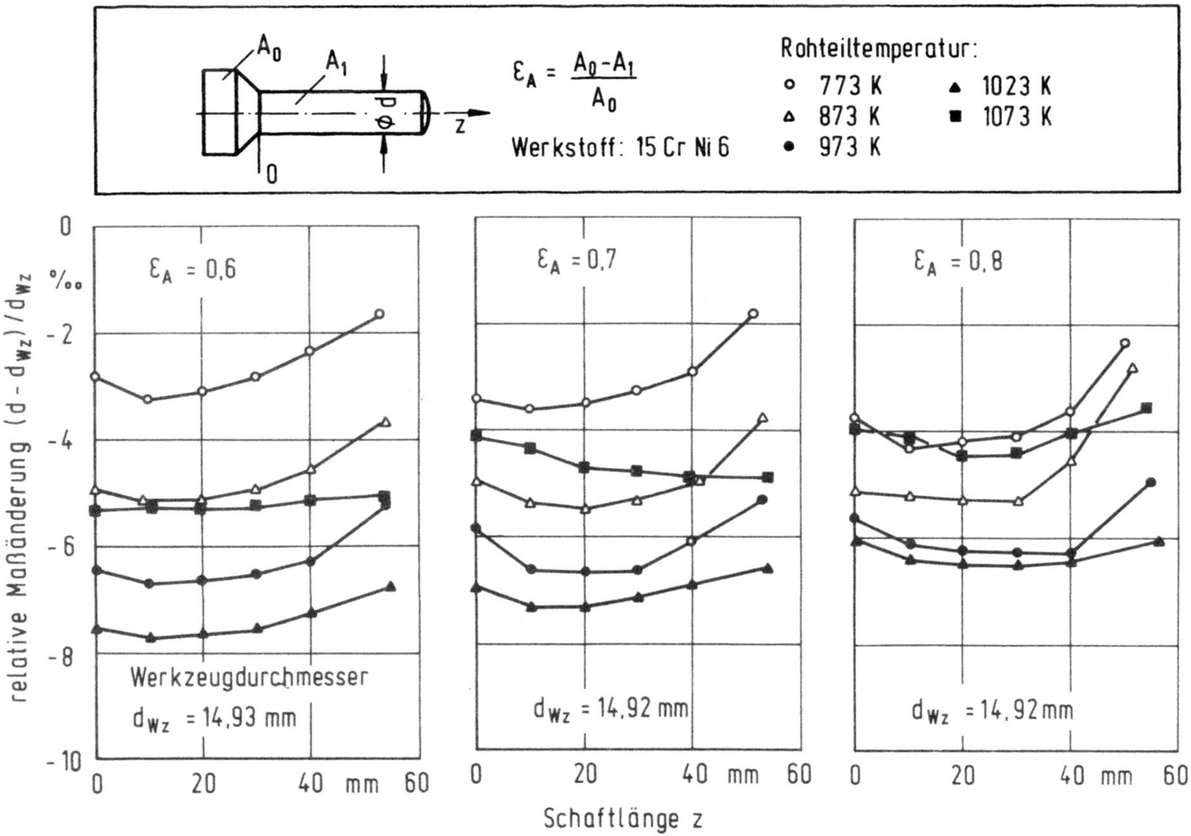

Bild 71: Einfluß der Temperatur und der rel. Querschnittsänderung auf die Maßgenauigkeit voll-vorwärts-fließgepreßter Werkstücke. Werkstoff: 15CrNi6.

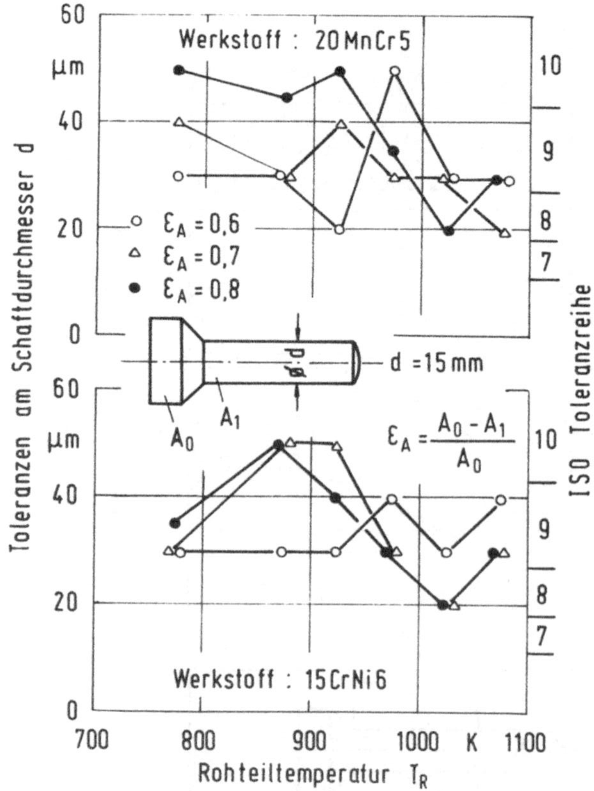

Bild 72: Einfluß der Temperatur und der rel. Querschnittsänderung auf die Toleranzen am Schaftdurchmesser.

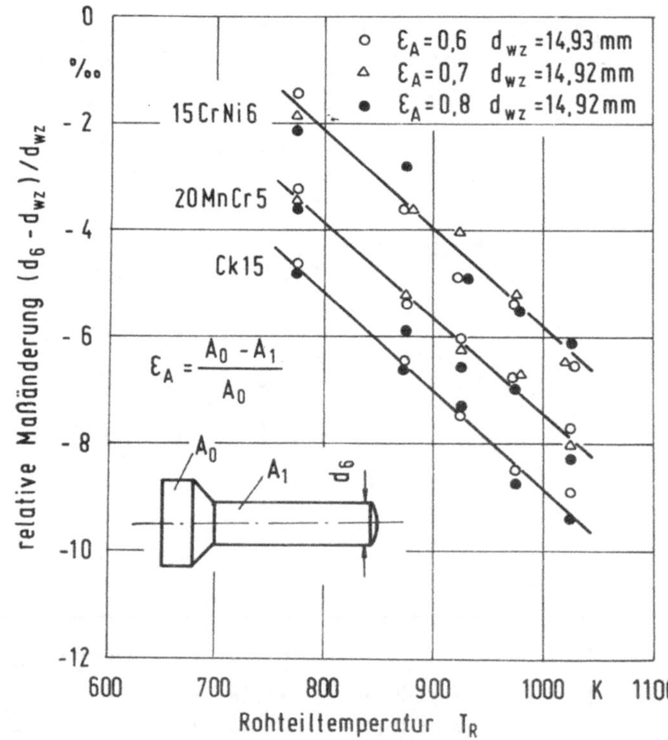

Bild 73: Einfluß der Temperatur und der rel. Querschnittsänderung auf die rel. Maßänderung halbwarmfließgepreßter Werkstücke.

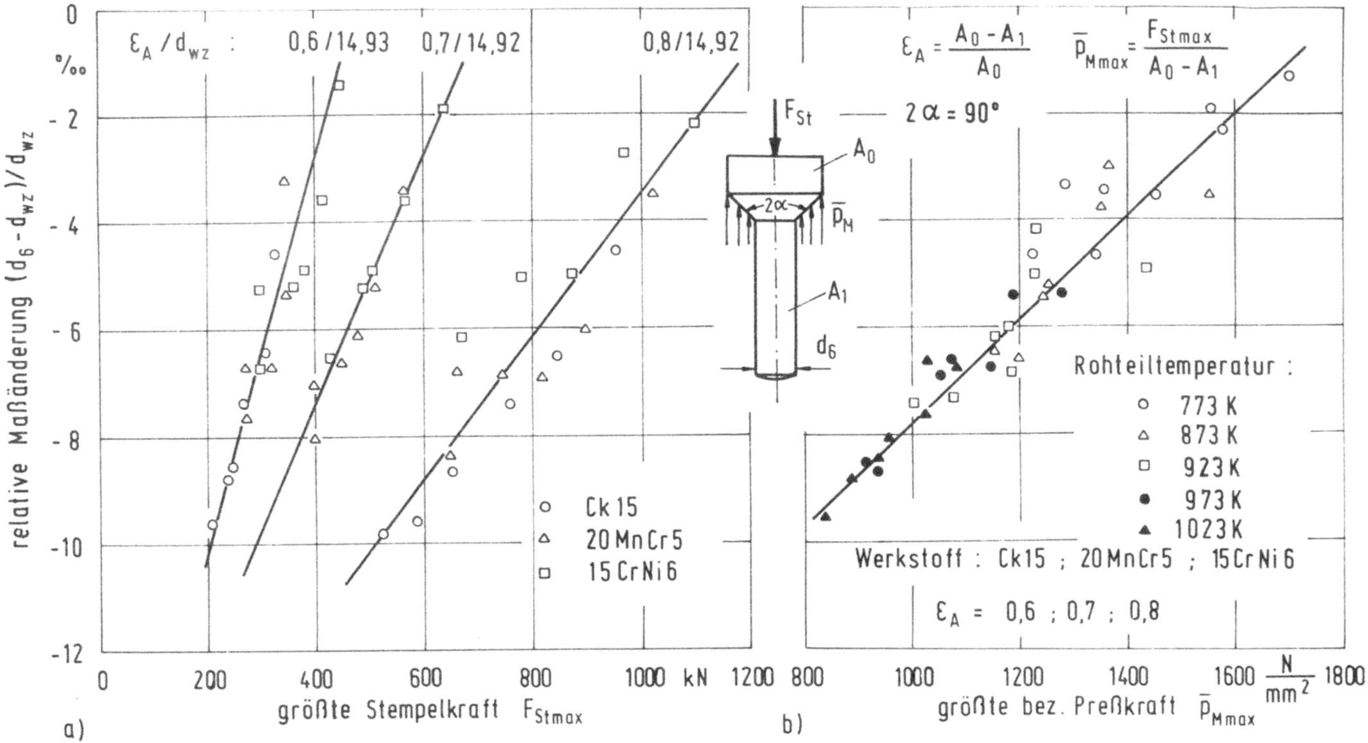

Bild 74: Zusammenhang zwischen

a) rel. Maßänderung und Stempelkraft

b) rel. Maßänderung und bezogener Stempelkraft

bei halbwarmfließgepreßten Werkstücken.

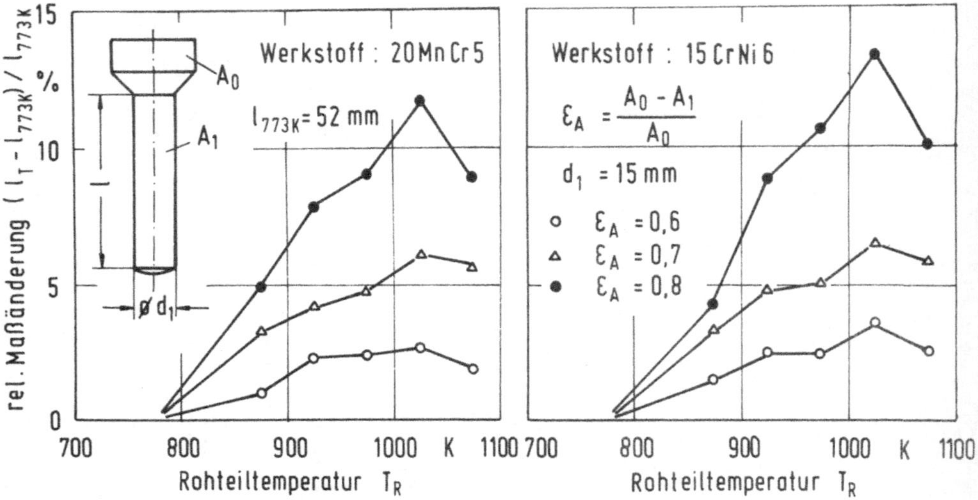

Bild 75: Einfluß der Temperatur und der rel. Querschnittsänderung auf die Schaftlänge voll-vorwärts-fließgepreßter Werkstücke. Werkstoff: 20MnCr5 und 15CrNi6.

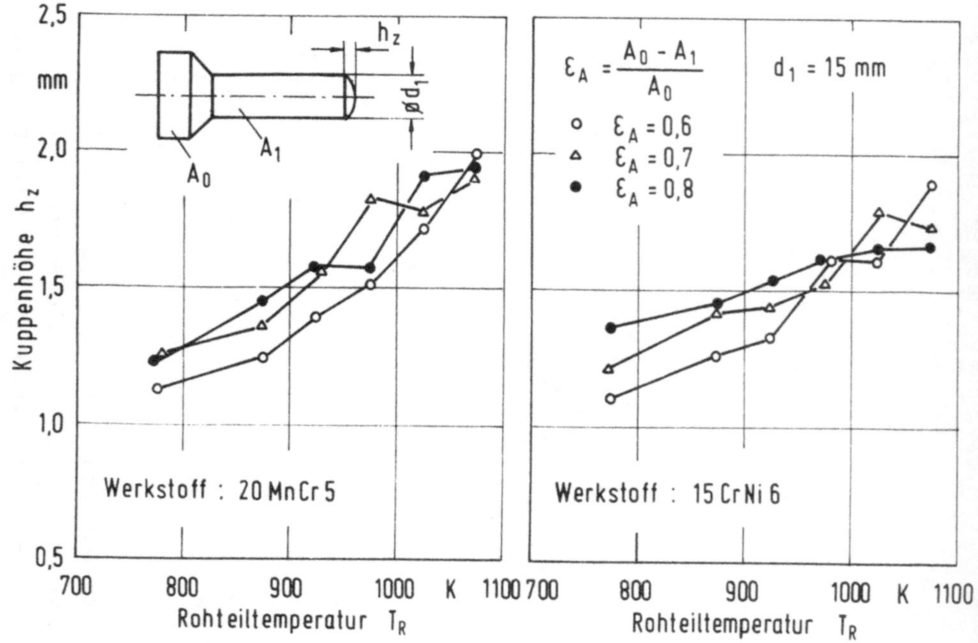

Bild 76: Einfluß der Temperatur und der rel. Querschnittsänderung auf die Kuppenhöhe voll-vorwärts-fließgepreßter Werkstücke. Werkstoff: 20MnCr5 und 15CrNi6.

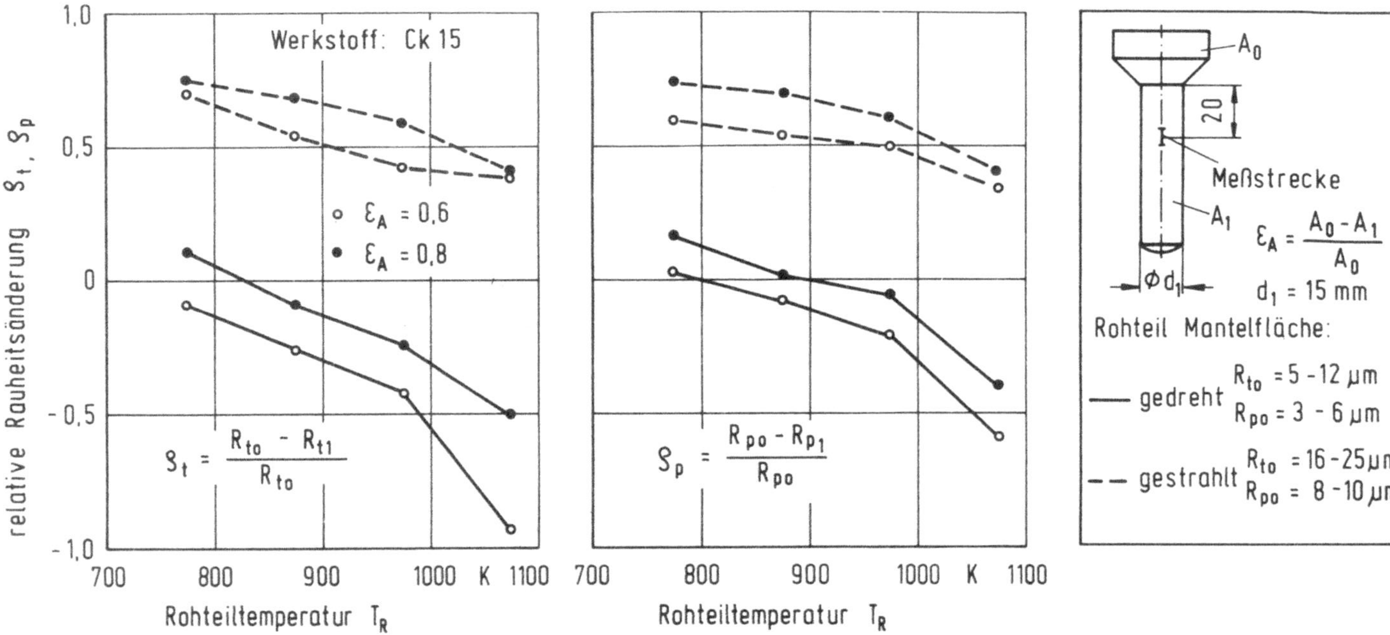

Bild 77: Einfluß der Temperatur und der rel. Querschnittsänderung auf die rel. Rauheitsänderung voll-vorwärts-fließgepreßter Werkstücke. Werkstoff: Ck15.

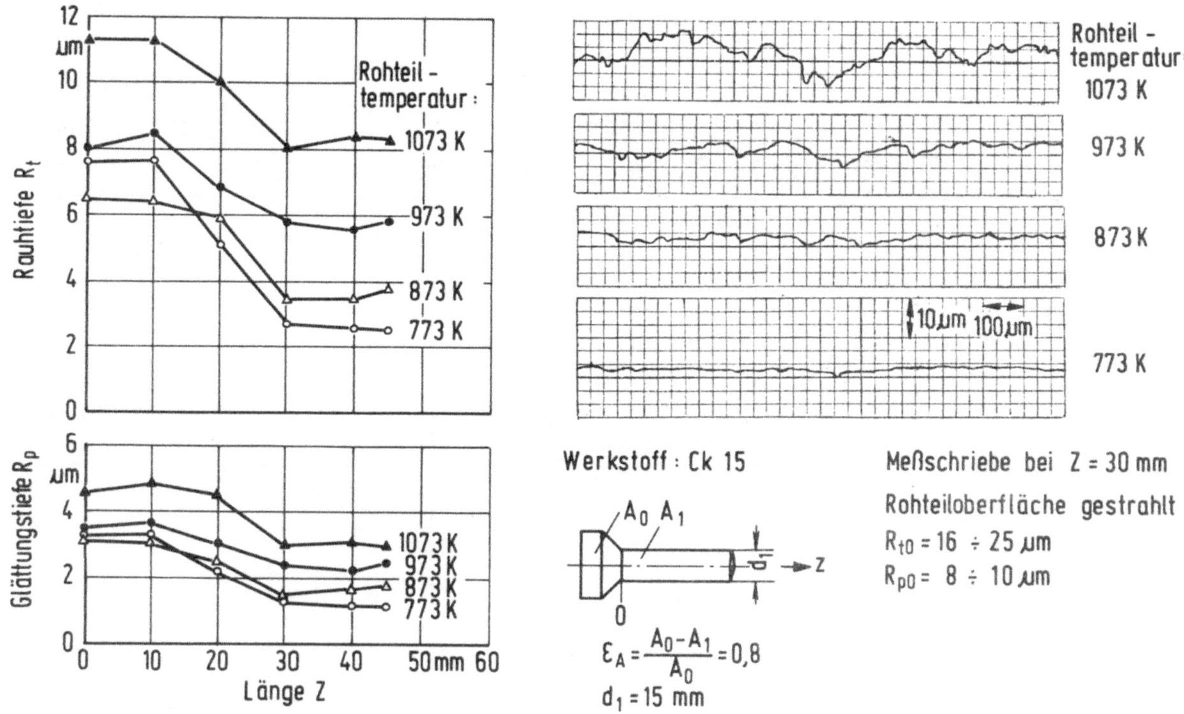

Bild 78: Einfluß der Temperatur auf die Oberflächenbeschaffenheit halbwarmfließgepreßter Werkstücke. Werkstoff: Ck15.

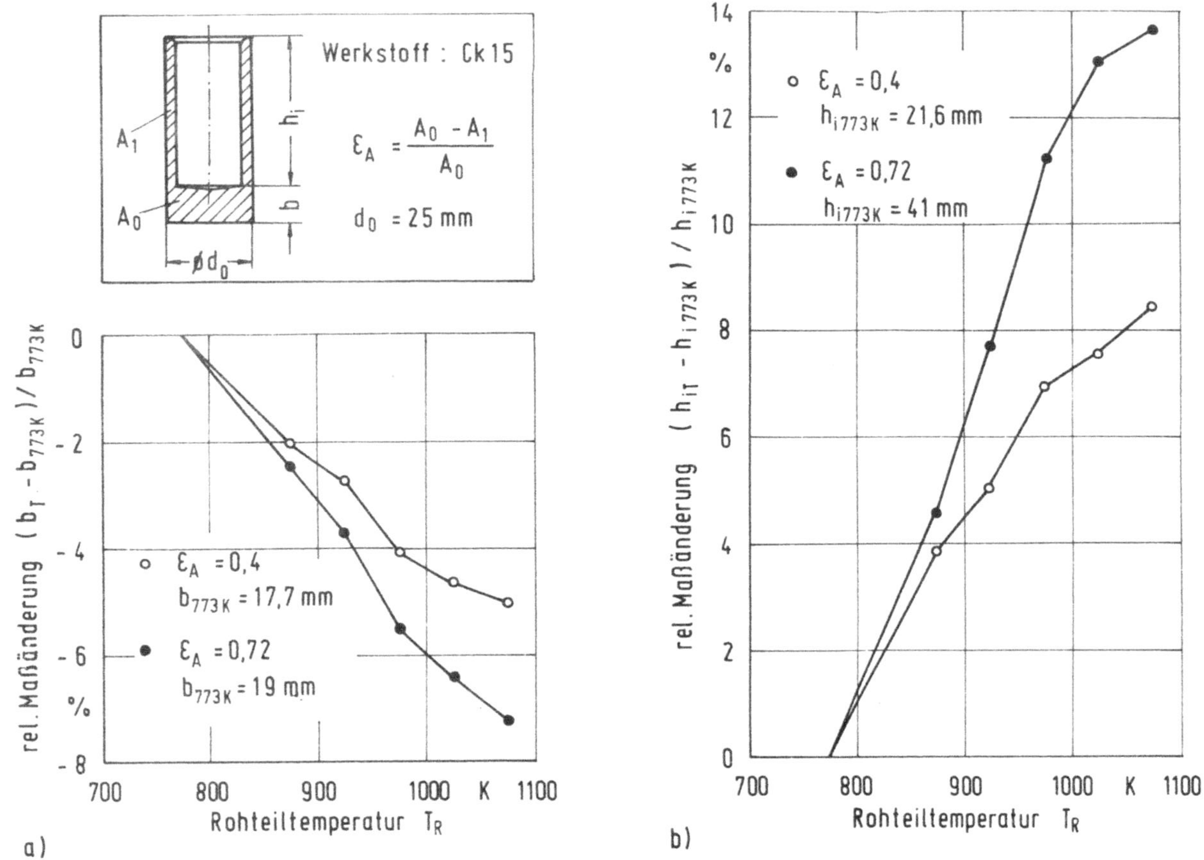

Bild 79: Einfluß der Temperatur und der rel. Querschnittsänderung auf die
a) Bodendicke b) Napfhöhe
napf-rückwärts-fließgepreßter Werkstücke.

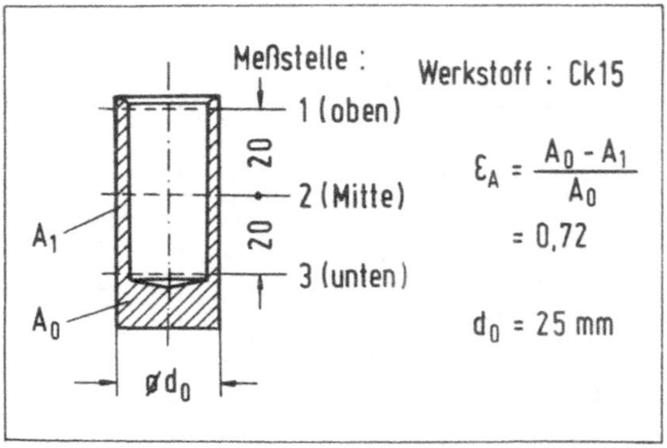

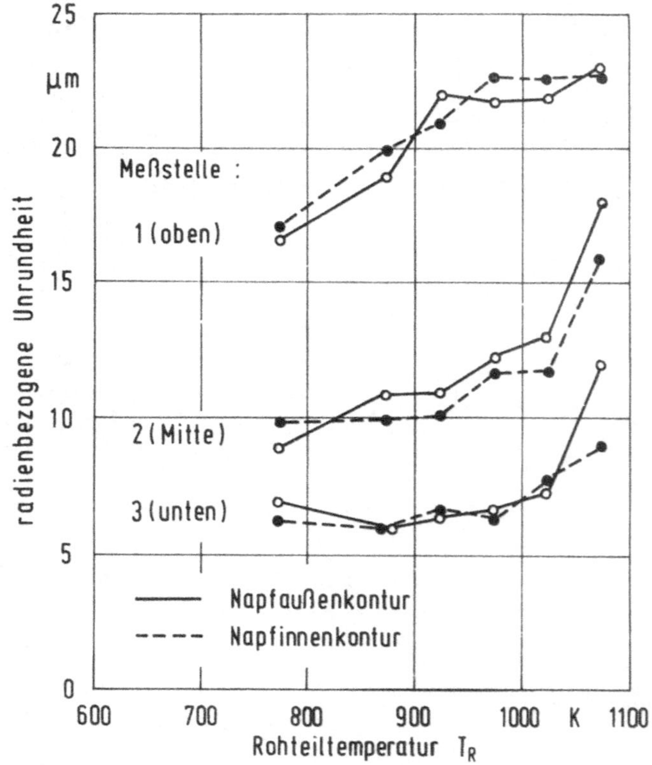

Bild 80: Einfluß der Temperatur auf die Unrundheit napf-rückwärts-fließgepreßter Werkstücke. Werkstoff: Ck15.

Tabelle 1: Chemische Zusammensetzung und Wärmebehandlung der Versuchswerkstoffe.

Werkstoff		Ck15	20MnCr5	15CrNi6	Cf53	42CrMo4	100Cr6
Werkstoff Nr.		1.1141	1.7147	1.5919	1.1213	1.7225	1.3505
Legierungsbestandteile in %	C	0,12	0,20	0,14	0,54	0,43	0,95
	Si	0,27	0,31	0,24	0,27	0,28	0,21
	Mn	0,44	1,10	0,48	0,81	0,75	0,30
	P	0,007	0,021	0,011	0,028	0,030	0,030
	S	0,019	0,033	0,023	0,043	0,031	0,10
	Cr		1,0	1,46		1,10	1,48
	Ni			1,49			
	Mo					0,23	0,04
	Al	0,012				0,36	0,17

Wärmebehandlung: Werkstoffe: Ck15, 20MnCr5, 15CrNi6, Cf 53 und 42CrMo4:
973 K/15 h/ Ofenabkühlung auf 873 K/ Luftabkühlung.

Werkstoff: 100Cr6:
1073 K/8 h/ Ofenabkühlung auf 1053 K/ 8 h/ Ofenabkühlung auf 773 K/ Luftabkühlung.

Tabelle 2: Mechanische Eigenschaften der Versuchswerkstoffe im
a) geglühten Ausgangszustand b) ungeglühten Ausgangszustand.

Ausgangszustand (AZ)	geglüht						ungeglüht	
Werkstoff	Ck15	20MnCr5	15CrNi6	Cf53	42CrMo4	100Cr6	20MnCr5	Cf53
Anfangsfließspannung k_{f0AZ} N/mm²	205	265	220	295	315	280	280	320
Verfestigungsexponent n_{AZ}	0,28	0,23	0,22	0,20	0,20	0,20	0,17	0,15
Kerbschlagzähigkeit a_{kAZ} J/cm²	37	165	185	43	68	60	149	30
Härte $HV10_{AZ}$	112	149	145	178	173	180	173	218
Zugfestigkeit R_{mAZ} N/mm²	360	516	576	631	645	630	592	745
0,2-Dehngrenze $R_{p0,2AZ}$ N/mm²	236	300	291	320	354	316	366	404
Streckgrenzenverhältnis $R_{p0,2}/R_m$	0,66	0,58	0,51	0,51	0,55	0,50	0,62	0,54
Gleichmaßdehnung A_{gAZ} %	33	24	22	22	22	23	19	16
Bruchdehnung A_{5AZ} %	46	41	38	33	38	35	34	23
Brucheinschnürung Z_{AZ} %	73	65	65	46	57	62	67	39

Tabelle 3: Veränderung der Kennwerte aus dem Zugversuch durch das Halbwarmfließpressen im Vergleich zum Ausgangszustand (AZ).

Kennwert		A_{gT}/A_{gAZ}	A_{5T}/A_{5AZ}	Z_T/Z_{AZ}	$R_{p0,2T}/R_{p0,2AZ}$	R_{mT}/R_{mAZ}
Rohteiltemperatur T		773K - 1023K	773K - 1023K	773K - 1023K	773K - 1023K	773K - 1023K
Werkstoff	Ck15	0,30 - 0,80	0,35 - 0,70	0,70 - 0,90	2,30 - 1,20	1,60 - 1,10
	20MnCr5	0,35 - 0,75	0,45 - 0,80	0,85 - 1,00	2,50 - 1,60	1,50 - 1,15
	15CrNi6	0,45 - 0,80	0,50 - 0,80	0,95 - 1,05	2,80 - 1,70	1,45 - 1,10
	Cf53	0,35 - 0,75	0,40 - 0,75	0,85 - 1,15	2,50 - 1,60	1,40 - 1,15
	42CrMo4	0,30 - 0,85	0,30 - 0,70	0,80 - 1,05	2,60 - 1,70	1,50 - 1,15
	100Cr6	0,45 - 0,95	0,50 - 0,85	0,65 - 0,80	2,60 - 1,80	1,35 - 1,10

Berichte aus dem Institut für Umformtechnik der Universität Stuttgart

Herausgeber Professor Dr.-Ing. Kurt Lange

1 **Untersuchung über den Einfluß der Belastungszeit auf die Streuung der Rückfederung von Biegeteilen**
Von Dipl.-Ing. Klaus Tafel. 70 Seiten Text u. 64 Seiten mit 49 Bildern u. 15 Tafeln. Vergriffen

2/3 **Untersuchungen über das freie Napfen**
Von Dipl.-Ing. Gerhard Schmitt und Dipl.-Ing. Dieter Schmoeckel.
Untersuchungen über den Kraft- und Arbeitsbedarf sowie den Umformwirkungsgrad beim Vorwärts-Vollfließpressen von Stahl
Von Dipl.-Ing. Dieter Kast. 40 Seiten Text u. 43 Seiten mit 47 Bildern u. 5 Tafeln. 28,— DM

4 **Untersuchungen über die Werkzeuggestaltung beim Vorwärts-Hohlfließpressen von Stahl und Nichteisenmetallen**
Von Dipl.-Ing. Dieter Schmoeckel. 72 Seiten Text u. 117 Seiten mit 179 Bildern. 39,— DM

5 **Untersuchungen über das Stauchen und Zapfenpressen**
Von Dipl.-Ing. Märten Burgdorf. 126 Seiten Text u. 58 Seiten mit 138 Bildern u. 4 Tafeln. 55,— DM

6 **Untersuchungen über die Streuung der Kräfte und Arbeiten beim Fließpressen in der laufenden Fertigung und den Einfluß der Phosphatschichtdicke und des Schmiermittels**
Von Dipl.-Ing. Hans-Dietrich Witte. 38 Seiten Text u. 48 Seiten mit 49 Bildern. 30,— DM

7 **Untersuchungen über das Rückwärts-Napffließpressen von Stahl bei Raumtemperatur**
Von Dipl.-Ing. Gerhard Schmitt. 132 Seiten Text u. 93 Seiten mit 130 Bildern u. 5 Tafeln. 34,— DM

8 **Die Abbildegenauigkeit beim Biegen im 90 -V-Gesenk und ihre Beeinflussung durch Nachdrücken im Gesenk durch Nachdrücken im Gesenk**
Von Dipl.-Ing. Eckart Dannenmann. 50 Seiten Text u. 31 Seiten mit 28 Bildern u. 1 Tafel. Vergriffen

9 **Untersuchungen über den Zusammenhang zwischen Vickershärte und Vergleichsformänderung bei Kaltumformvorgängen**
Von Dipl.-Ing. Hans Wilhelm. 50 Seiten Text u. 35 Seiten mit 37 Bildern u. 2 Tafeln. Vergriffen

10 **Untersuchungen über das Abstreckziehen von zylindrischen Hohlkörpern bei Raumtemperatur**
Von Dipl.-Ing. Rolf K. Busch. 86 Seiten Text u. 92 Seiten mit 97 Bildern. Vergriffen

11 **Vorgänge beim elektromagnetischen und elektrohydraulischen Umformen von metallischen Werkstücken**
Von Dipl.-Ing. Herbert Müller. 90 Seiten Text u. 110 Seiten mit 93 Bildern u. 10 Tafeln. 22,— DM

12 **Ein Verfahren zur näherungsweisen Berechnung des Spannungs- und Formänderungszustandes beim Fließen starrplastischer Werkstoffe**
Von Dipl.-Ing. Gerhard Adler. 124 Seiten Text u. 76 Seiten mit 72 Bildern. Vergriffen

13 **Modellgesetzmäßigkeiten beim Rückwärtsfließpressen geometrisch ähnlicher Näpfe**
Von Dipl.-Ing. Dieter Kast. 101 Seiten Text u. 73 Seiten mit 60 Bildern u. 6 Tafeln. Vergriffen

14 **Untersuchungen über das Genauschneiden von Stahl und Nichteisenmetallen**
Von Dipl.-Ing. Wilfried Krämer. 96 Seiten Text u. 132 Seiten mit 128 Bildern u. 10 Tafeln. Vergriffen

15 **Entwicklung und Erprobung eines Simulators zur reproduzierbaren Nachahmung der Kraft-Weg-Verläufe von Umformvorgängen**
Von Dipl.-Ing. Kurt Schmid. 88 Seiten Text u. 38 Seiten mit 35 Bildern u. 2 Tafeln. 17,— DM

16 **Walzrichten von Metallbändern mit symmetrisch angestellter Fünf-Walzen-Richtmaschine**
Von Dipl.-Ing. Hans-Dietrich Witte. 108 Seiten Text u. 63 Seiten mit 60 Bildern u. 8 Tafeln. 22,— DM

17/18 **Erzeugung räumlicher Blechgebilde mittels Flächenbiegung**
Konstruktion, Abwicklung und Herstellung von Schraubtorsen aus Blech
Von Prof. Dr.-Ing. E. h. Dr. techn. h. c. Otto Kienzle.
120 Seiten Text u. 55 Seiten mit 86 Bildern u. 3 Tafeln. 22,— DM

19 **Einfluß der Alterung auf die mechanischen Eigenschaften von Stählen zum Kaltfließpressen**
Von Dipl.-Ing. Vladimir Hasek, CSc. 43 Seiten Text u. 54 Seiten mit 50 Bildern u. 3 Tafeln. 16,— DM

20 **Beitrag zur Frage der Spannungen, Formänderungen und Temperaturen beim axialsymmetrischen Strangpressen**
Von Dipl.-Ing. Rolf Dalheimer. 118 Seiten Text u. 76 Seiten mit 79 Bildern u. 3 Tafeln. Vergriffen

21 **Über den Einfluß der Werkzeuggeschwindigkeit auf den Stauchvorgang**
Von Dipl.-Ing. H.-J. Metzler. 127 Seiten Text u. 100 Seiten mit 94 Bildern u. 6 Tafeln. 25,— DM

22 **Numerische Behandlung von Verfahren der Umformtechnik**
Von Dr.-Ing. Elmar Steck. 67 Seiten Text u. 22 Seiten mit 43 Bildern. 16,— DM

23 **Ein Verfahren zur näherungsweisen Berechnung der Wärmeentwicklung und der Temperaturverteilung beim Kaltstauchen von Metallen**
Von Dipl.-Ing. Walther Pohl. 78 Seiten Text u. 51 Seiten mit 61 Bildern u. 4 Tafeln. 21,— DM

24 **Untersuchungen über das Drückwalzen zylindrischer Hohlkörper und Beitrag zur Berechnung der gedrückten Fläche und der Kräfte**
Von Dipl.-Ing. Hans-Jürgen Dreikandt. 161 Seiten Text u. 79 Seiten mit 73 Bildern u. 6 Tafeln. Vergriffen

25 **Über den Formänderungs- und Spannungszustand beim Ziehen von großen unregelmäßigen Blechteilen**
Von Dipl.-Ing. Vladimir Hasek, CSc. 129 Seiten Text u. 106 Seiten mit 109 Bildern u. 9 Tafeln. 35,— DM

26 **Über die Anisotropie des plastischen Verhaltens stranggepreßter Stäbe aus hexagonalen Metallen**
Von Dipl.-Ing. Günther Schröder. 129 Seiten Text u. 75 Seiten mit 97 Bildern u. 2 Tafeln. Vergriffen

27 **Die Messung der mechanischen Kontaktspannung in der Wirkfuge Werkzeug — Werkstück bei Umformverfahren**
Von Dipl.-Ing. Fritz Dohmann. 99 Seiten Text u. 82 Seiten mit 93 Bildern u. 4 Tafeln. Vergriffen

28 **Beitrag zur rechnerunterstützten Auslegung von Pressengestellen**
Von Dipl.-Ing. Manfred Geiger. 94 Seiten u. 56 Seiten mit 63 Bildern. Vergriffen

29 **Untersuchungen über das Aufweittiefziehen**
Von P. S. Raghupathi, M. E. ISBN 3-7736-0780-6.
80 Seiten Text u. 54 Seiten mit 73 Bildern u. 2 Tafeln. 32,— DM

30 **Faltenbildung als Verfahrensgrenze beim Stauchen von Hohlkörpern**
Von Dipl.-Ing. Klaus Dieterle. ISBN 3-7736-0781-4.
55 Seiten Text u. 35 Seiten mit 43 Bildern u. 3 Tafeln. 28,— DM

31 **Beitrag zur Ermittlung von Fließkurven im kontinuierlichen hydraulischen Tiefungsversuch**
Von Dipl.-Ing. Franc Gologranc. ISBN 3-7736-0785-7.
125 Seiten Text u. 58 Seiten mit 95 Bildern u. 6 Tafeln. Vergriffen

32 **Untersuchungen an Strangpreßmatrizen**
Von Dipl.-Ing. Klaus Gieselberg. ISBN 3-7736-0786-5.
101 Seiten Text u. 56 Seiten mit 69 Bildern. 45,— DM

33 **Beitrag zur Messung der Strangoberflächentemperatur beim Strangpressen**
Von Dipl.-Ing. Karl-Heinz Friedrich. ISBN 3-7736-0787-3.
83 Seiten Text u. 90 Seiten mit 84 Bildern u. 3 Tafeln. 48,— DM

34 **Über das Umformverhalten von Blechen aus Titan und Titanlegierungen**
Von Dipl.-Ing. Hans Wilhelm. ISBN 3-7736-0788-1.
107 Seiten Text u. 69 Seiten mit 76 Bildern u. 13 Tafeln. 48,— DM

35 **Untersuchung der magnetischen Induktion, Stromdichte und Kraftwirkung bei der Magnetumformung**
Von Dipl.-Ing. Volker Schmidt. ISBN 3-7736-0789-X.
60 Seiten Text u. 53 Seiten mit 84 Bildern. 21,— DM

36 **Der Stofffluß beim kombinierten Napffließpressen**
Von Dipl.-Ing. Rolf Geiger. ISBN 3-7736-0790-3.
111 Seiten Text u. 74 Seiten mit 80 Bildern u. 6 Tafeln. Vergriffen

37 **Beitrag zum Verhalten superplastischer Werkstoffe beim Massivumformen**
Von Dipl.-Ing. Hans Schelosky. ISBN 3-7736-0791-1.
123 Seiten Text u. 61 Seiten mit 60 Bildern u. 4 Tafeln. 48,— DM

38 **Energieumsatz beim elektrohydraulischen Umformen**
Von Dipl.-Ing. Hans-Joachim Weckerle. ISBN 3-7736-0792-X.
103 Seiten Text u. 46 Seiten mit 56 Bildern. 45,— DM

39 **Elastische Wechselwirkungen an Gestell und Hauptgetriebe weggebundener Pressen**
Von Dipl.-Ing. Lutz Schemperg. ISBN 3-7736-0793-8.
91 Seiten Text u. 58 Seiten mit 65 Bildern u. 3 Tafeln. 45,— DM

40 **Über das plastische Verhalten von Sintermetallen bei Raumtemperatur**
Von Dipl.-Ing. Hartmut Höneß. ISBN 3-7736-0794-6.
84 Seiten Text u. 54 Seiten mit 67 Bildern u. 2 Tafeln. 45,— DM

41 **Untersuchungen zum Halbwarmfließpressen von Stahl**
Von Dr.-Ing. Rolf Geiger, Dipl.-Ing. Eckart Dannenmann und Dipl.-Ing. Jean Stefanakis.
ISBN 37736-0795-4. 50 Seiten Text u. 33 Seiten mit 34 Bildern u. 2 Tafeln. Vergriffen

42 **Änderung der Werkstoffeigenschaften beim Ziehen von zylindrischen Hohlkörpern aus austenitischen und ferritischen nichtrostenden Stählen**
Von Dipl.-Ing. Rolf Zeller. ISBN 3-7736-0796-2.
80 Seiten Text u. 52 Seiten mit 34 Bildern u. 2 Tafeln. 38,— DM

43 **Untersuchungen über das Fließpressen superplastischer Werkstoffe**
Von Dr.-Ing. Hans Schelosky. ISBN 3-7736-0797-0.
36 Seiten Text u. 24 Seiten mit 26 Bildern u. 1 Tafel. 30,— DM

44 **Umformende Bearbeitung in flexiblen Fertigungssystemen**
Von Dipl.-Ing. Hartmut Kaiser. ISBN 3-7736-0798-9.
87 Seiten Text u. 24 Seiten mit 47 Bildern. 36,— DM

45 **Geometrische Eigenschaften tiefgezogener kreiszylindrischer Näpfe**
Von Dipl.-Ing. Dieter Schlosser. ISBN 3-7736-0799-7.
107 Seiten Text u. 64 Seiten mit 60 Bildern u. 9 Tafeln. 48,— DM

46 **Die Eigenschaften einer AlZnMgCu-Legierung nach ausgewählten Kombinationen von Wärmebehandlung und Kaltumformung**
Von Dipl.-Ing. Karl Hankele. ISBN 3-7736-0880-2.
86 Seiten Text u. 51 Seiten mit 52 Bildern u. 4 Tafeln. 45,— DM

47 **Kaltmassivumformen von Sintermetall**
Von Dipl.-Ing. Hans Dieter Schacher. ISBN 3-7736-0881-0.
84 Seiten Text u. 44 Seiten mit 47 Bildern u. 5 Tafeln. 42,— DM

48 **Rechnerunterstützte Arbeitsplanerstellung und Kostenrechnung beim Kaltmassivumformen von Stahl**
Von Dipl.-Ing. Peter Noack. ISBN 3-7736-0882-9.
216 Seiten Text u. 116 Seiten mit 134 Bildern u. 23 Tafeln. 65,— DM

49 **Beitrag zur beanspruchungsgerechten Auslegung von rotationssymmetrischen Fließpreßmatrizen**
Von Dipl.-Ing. Günther Krämer. ISBN 3-7736-0883-7.
94 Seiten Text u. 53 Seiten mit 56 Bildern. 48,— DM

50 **Erzeugung gratfreier Schnittflächen durch Aufteilen des Schneidvorgangs (Konterschneiden)**
Von Dipl.-Ing. Heinz Liebing. ISBN 3-7736-0884-5.
87 Seiten Text u. 51 Seiten mit 55 Bildern u. 4 Tafeln. 46,— DM

Die Berichte 1 bis 28 sind zu beziehen durch das Institut für Umformtechnik, Holzgartenstr. 17, 7000 Stuttgart 1
Die Berichte 29 bis 50 sind zu beziehen durch den Verlag W. Girardet, Postfach 9, 4300 Essen

51 **Berechnung der elastischen Eigenschaften von Baugruppen im Pressenbau**
Von Dipl.-Ing. Herbert Blum. ISBN 3-540-09804-6.
151 Seiten mit 55 Abbildungen. 48.— DM

52 **Untersuchung der Verfahrensgrenzen beim 180°-Biegen von Fein- und Mittelblechen**
Von Dipl.-Phys. Wolfgang Schaub. ISBN 3-540-09881-X.
65 Seiten mit 24 Abbildungen. 38.— DM

53 **Abstreckgleitziehen von nichtrostenden austenitischen Stählen**
Von Dipl.-Ing. Jobst-H. Kerspe. ISBN 3-540-09882-8.
109 Seiten mit 36 Abbildungen. 43.— DM

54 **Fließpressen von Stahl im Temperaturbereich 773 K (500 °C) bis 1073 K (800 °C)**
Von Dipl.-Ing. Ulrich Diether. ISBN 3-540-09959-X.
165 Seiten mit 80 Abbildungen. 48.— DM

55 **Die numerisch gesteuerte Radial-Umformmaschine und ihr Einsatz im Rahmen einer flexiblen Fertigung**
Von Dipl.-Ing. Peter Metzger. ISBN 3-540-10073-3.
158 Seiten mit 65 Abbildungen. 43.— DM

56 **Möglichkeiten zur Steuerung des Stoffflusses beim Ziehen großer unregelmäßiger Blechteile**
Von Dr.-Ing. Vladimir V. Hasek, CSc. ISBN 3-540-10074-1.
193 Seiten mit 96 Abbildungen. 48.— DM

Die Berichte 51 und folgende sind zu beziehen durch den Springer-Verlag, Berlin Heidelberg New York

GPSR Compliance

The European Union's (EU) General Product Safety Regulation (GPSR) is a set of rules that requires consumer products to be safe and our obligations to ensure this.

If you have any concerns about our products, you can contact us on ProductSafety@springernature.com

In case Publisher is established outside the EU, the EU authorized representative is:

Springer Nature Customer Service Center GmbH
Europaplatz 3
69115 Heidelberg, Germany

Batch number: 10682421

Printed by Printforce, the Netherlands